# Lambacher Schweizer 8

Mathematik für Gymnasien

Ausgabe A

## Arbeitsheft

herausgegeben von Matthias Dorn

erarbeitet von
Matthias Dorn, Petra Hillebrand, Klaus-Peter Jungmann, Karen Kaps,
Tanja Sawatzki, Uwe Schumacher, Colette Simon

Ernst Klett Verlag
Stuttgart · Leipzig

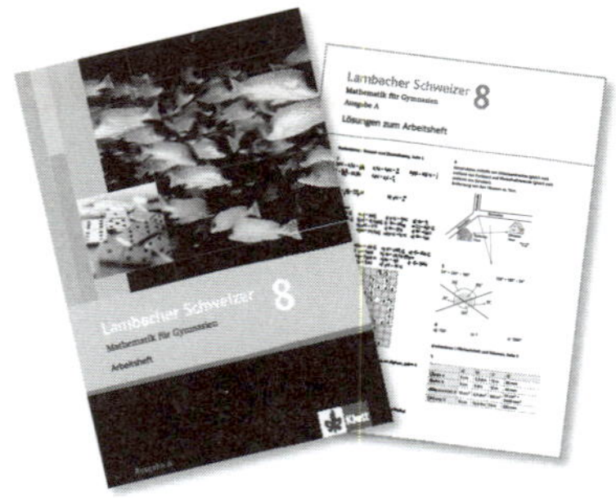


Liebe Schülerinnen und Schüler,

auf dieser Seite stellen wir euch euer Arbeitsheft für die 8. Klasse vor.

**Die Kapitel und das Lösungsheft**
In den einzelnen Kapiteln des Arbeitshefts werden alle Themen aus eurem Mathematikunterricht behandelt. Wir haben versucht, viele interessante und abwechslungsreiche Aufgaben zusammenzustellen, die euch beim Lernen weiterhelfen werden. Alle Lösungen zu den Aufgaben stehen im Lösungsheft, das in der Mitte eingeheftet ist und sich leicht herausnehmen lässt.

**Basiswissen**
Wichtige Themen aus Klasse 7 werden hier wiederholt und nochmals geübt. Diese Seiten kannst du zum Einstieg bearbeiten oder erst dann, wenn du merkst, dass du z.B. eine Auffrischung zur Prozent- und Zinsrechnung gut gebrauchen kannst.

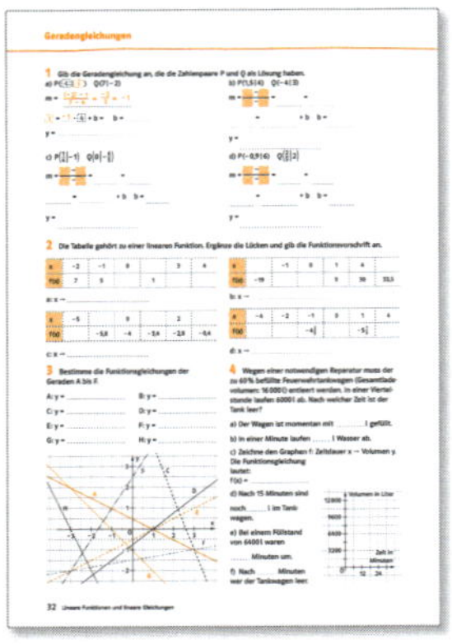

**Übungsblätter**
Zu allen wichtigen Bereichen der 8. Klasse findet ihr hier viele verschiedene Übungen. Damit ihr seht, wie eine Aufgabe gemeint ist, haben wir an einigen Stellen schon einen Aufgabenteil gelöst (orange Schreibschrift). Eure Antworten schreibt ihr auf die vorgegebenen Linien ______________ oder in die farbigen Kästchen ▭. Manchmal braucht ihr einen Zettel für Nebenrechnungen.

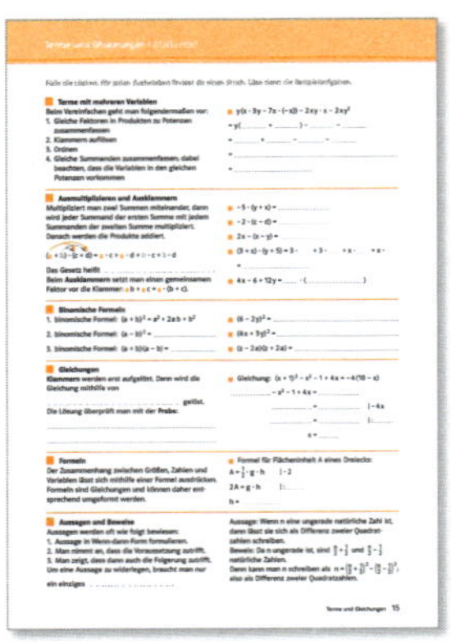

**Merkzettel** befinden sich am Ende von jedem Kapitel. Dort stehen alle wichtigen Regeln und Begriffe, die das Kapitel enthält. Um euch dabei zu helfen, euch diese Begriffe leichter und auch dauerhaft zu merken, sollt ihr auch diese Blätter selbst bearbeiten und lösen.

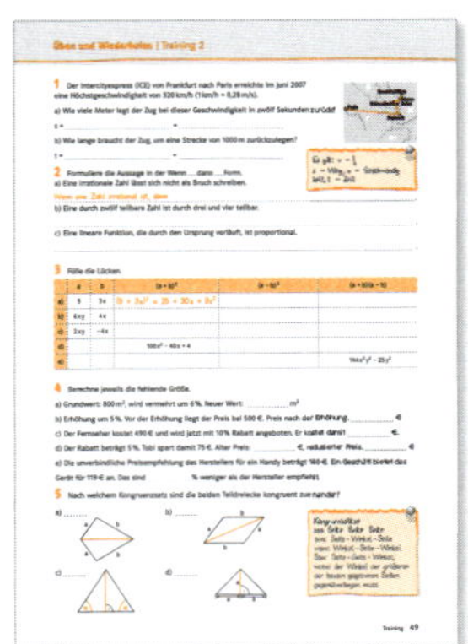

**Training: Üben und Wiederholen**
Die drei Trainingseinheiten im Heft wiederholen den neuen und auch den schon etwas älteren Stoff. Hier findet ihr Aufgaben zu allen davor liegenden Kapiteln.
**Tipp:** Schlagt in den Merkzetteln der vorigen Kapitel nach, wenn ihr auf ein Problem stoßt.

**Der Wissensspeicher und das Register**
Wisst ihr nicht, was ein Begriff bedeutet? Oder sucht ihr Übungen zu einem bestimmten Thema? Hier hilft das Register auf der letzten Seite. Alle mathematischen Begriffe der 8. Klasse könnt ihr dort nachschlagen. Von dort werdet ihr auf die Seite verwiesen, auf der ihr eine Erklärung des Begriffs findet.
Probiert es am besten gleich aus: Auf welcher Seite wird „Ausmultiplizieren" erklärt? ______________

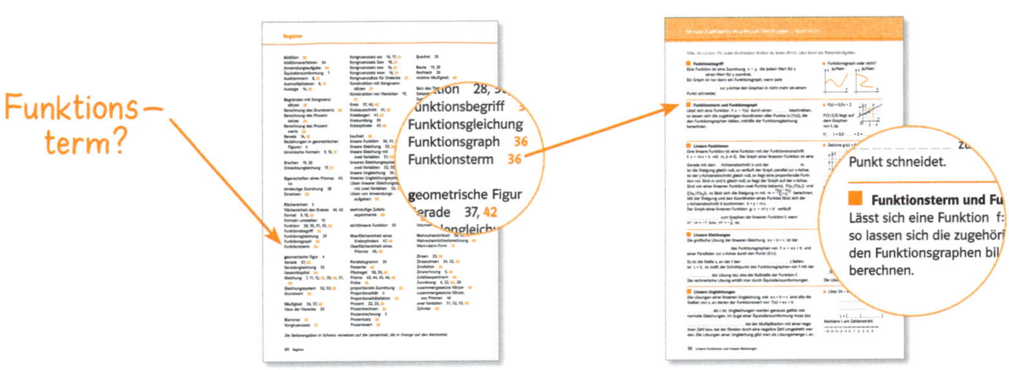


Nun kann es losgehen. Wir wünschen euch viel Spaß und Erfolg beim Lösen der Aufgaben.

Euer Autorenteam

**1** Jeweils drei Kärtchen gehören zusammen. Färbe in einer Farbe.

25 % | 0,40 | $\frac{25}{100}$ | 40 % | $\frac{1}{8}$ | $\frac{1}{3}$ | $\frac{33,\overline{3}}{100}$ | 0,125 | 12,5 % | 0,25 | 50 % | 0,5 | $\frac{4}{10}$ | $33,\overline{3}$ % | $\frac{1}{2}$

**2** Zur Berechnung des Prozentwertes benutzt man die Formel $W = p\,\% \cdot G$.

a) Stelle die Formel nach G um.

______________________________

b) Stelle die Formel nach p % um.

______________________________

**3** Löse das Kreuzzahlrätsel. Kommas bekommen eigene Kästchen.
Schreibe zuerst hinter die Aufgabe, was gesucht ist: Grundwert (G), Prozentwert (W), Prozentsatz (p %), Kapital (K), Zinsen (Z).

| | | | | | | | | | | |
|---|---|---|---|---|---|---|---|---|---|---|
| a | | b | | c | | | | d | e | |
| f | | | | g | | | h | | | |
| | | | | | | | i | | | |
| | | | j | | k | | | | | |
| | | l | | | | | m | | | n |
| | | | o | | | | | | | |
| | p | | | | q | | | | | |
| r | | | | s | | | | t | | |
| | | | | | | | | | | |
| u | | | v | | | | | | | |
| | | w | | | | | x | | | |

**Waagerecht**

b) Familie Meier erhält 3 % Skonto auf ihren Einkauf und zahlt 14,85 € weniger. ______ G
d) Guildo hat ein Sparguthaben von 2600 €. Der Zinssatz beträgt 1,5 %. ______
f) Will erhält für sein Sparbuchguthaben von 1500 € in diesem Jahr 25,50 € Zinsen. ______
g) 100 % sind 240 €, 5 % sind ______
i) Herr Glück hat seinen Lottogewinn angelegt und erhält jährlich 200 € Zinsen. Der Zinssatz beträgt 4 %. ______
j) W = 377,70 €; p % = 3 % ______
l) 25 % von 200 kg ______
m) K = 1,75 €; p % = 4 % ______
o) 250 − 197,7 ______

**Senkrecht**

a) Frau Sorglos hat 70 000 € geerbt und möchte ihr Geld jetzt anlegen. Die Bank bietet einen Zinssatz von 4,5 % pro Jahr. ______
b) G = 23 500; p % = 2 % ______
c) Z = 127,55 € im Jahr; p % = 2,5 % ______
e) Die Miete wurde um 3 % erhöht, das ist eine Steigerung von 27,90 €. ______
h) W = 375; p % = 5 % ______
j) 20 % sind 210 ______
k) Die Festplatte ist bereits zu 85 % belegt. Insgesamt kann man 68,8 GByte speichern. ______
l) Statt des gewünschten Umsatzes von 362,6 Mio. Dollar korrigierte das Unternehmen seine Zahlen auf 344,47 Mio. Dollar im Jahr. Der prozentuale Umsatzrückgang betrug: … ______
n) 3 % sind 238,8 m ______
s) Von den 1200 Bewerbern werden nur 10 % zu einem Test eingeladen. ______
t) 114 % sind 2280. ______
p) Rabatt von 397,80 €, der alte Preis betrug 2340,00 €. ______
r) 87 % von 2500 ______
v) Vorher kostete der Rock 98 €, jetzt nur 53,90 €. Preisminderung um … % ______

q) Lisa hat 300 € gespart. Nach einem Jahr hat sie 312 € auf dem Sparbuch. ______
r) Von den 900 Vereinsmitgliedern sind 30 % Kinder. ______
s) 30 % von 600 l : … l. ______
t) Klaus leiht sich bei der Bank für ein Jahr 2500 €. Er muss dafür 8 % Zinsen bezahlen. ______
u) Die Reise kostet normal 595 €, mit Frühbucherrabatt spart man 12 %, das sind … €. ______
w) 99,75 $ von 665 $: … % ______
x) 12 % von 900 ______

**1** Bestimme die Winkelgrößen.

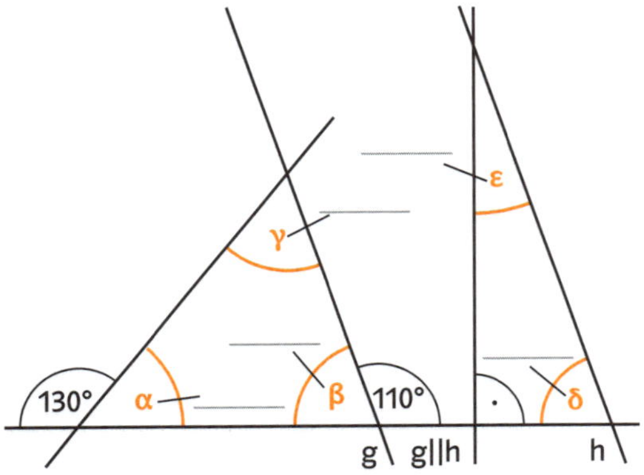


Nebenwinkel ergeben zusammen 180°.

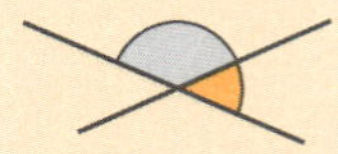

Scheitelwinkel sind gleich groß.

**2** Wie groß sind die drei Winkel α, β, γ und δ?

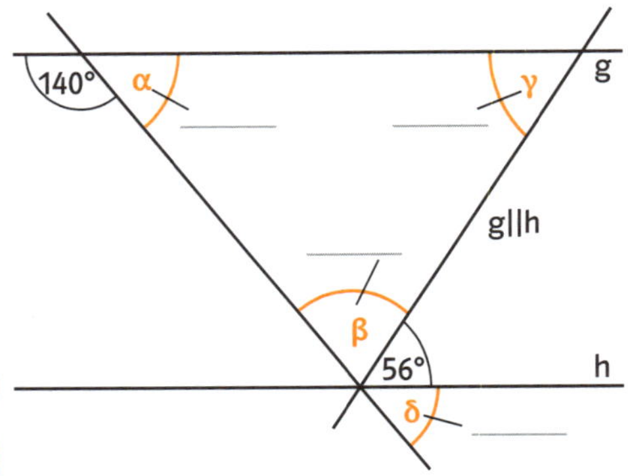


Jeder Punkt der Mittelsenkrechten einer Strecke hat den gleichen Abstand zu den Endpunkten der Strecke.

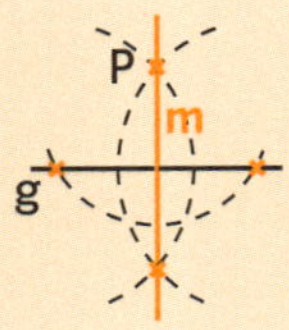


Jeder Punkt der Winkelhalbierenden eines Winkels hat den gleichen Abstand zu den Schenkeln des Winkels.

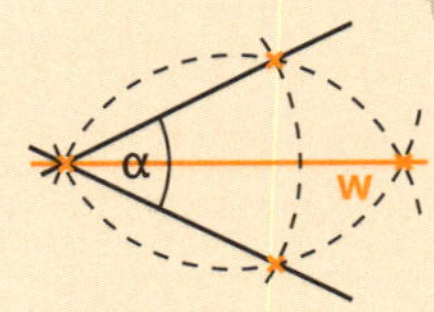


**3** In einem Spielzeugladen soll auf einem dreieckigen Brett eine kreisrunde Eisenbahn aufgebaut werden. Wie groß darf der Durchmesser des Schienenkreises höchstens sein? (Maßstab: 1:50)
Der Durchmesser darf

höchstens ______ m betragen.

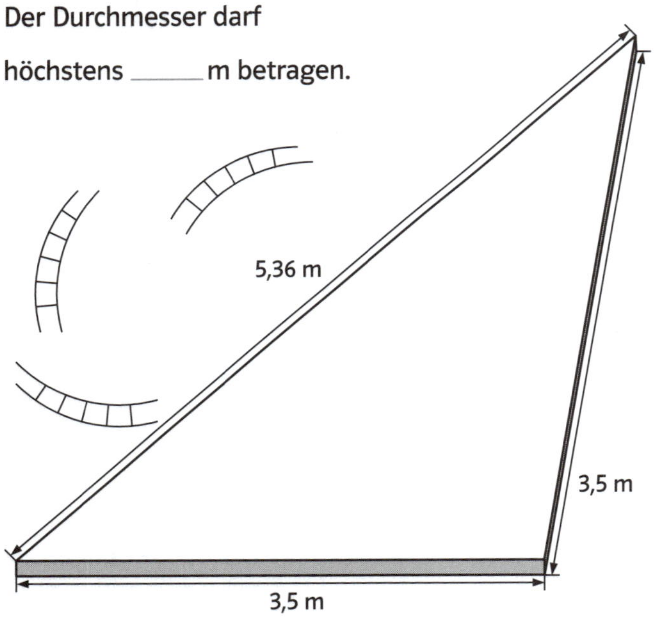


**4** Elfriede und Stefanie sind gute Freundinnen. Sie wohnen beide nebeneinander an der Baumallee. Elfriedes Vater ist Mathematiklehrer und hat eine Überraschung für die beiden versteckt. Er verrät nur, dass der Ort des Verstecks von beiden Häusern gleich weit entfernt ist. Zugleich gilt noch, dass der Ort von beiden Teilstücken der Baumallee gleich weit entfernt ist.
Wo liegt das Versteck? Konstruiere den Punkt.
Wie weit ist es von den Häusern entfernt?

______ m

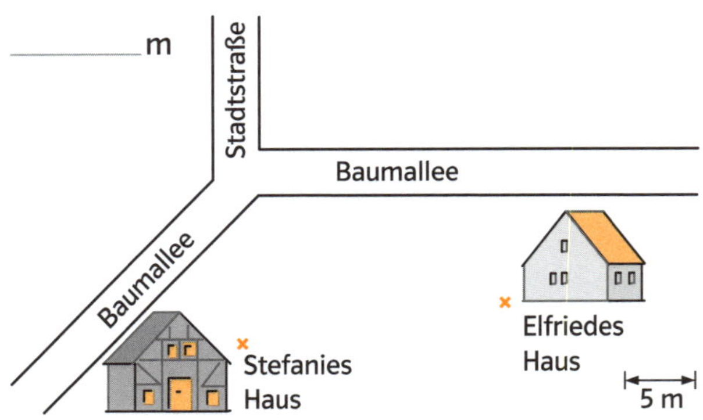


**5** Bestimme die vier Winkelgrößen und schreibe sie in die Zeichnung.

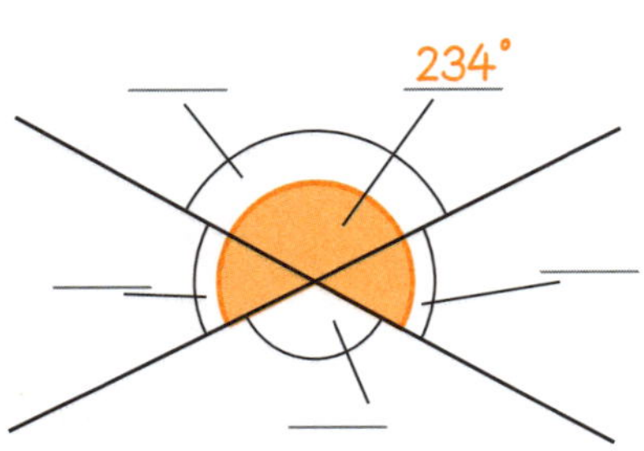


**6** a) Wie groß ist die Winkelsumme in einem Sechseck? ______

b) Wie viele Ecken besitzt ein Vieleck mit einer Winkelsumme von 900°? ______

c) Wie groß wird die Winkelsumme, wenn zwei Ecken hinzukommen? ______

**1** Berechne die fehlende Größe des Rechtecks.

| | a) | b) | c) | d) |
|---|---|---|---|---|
| Länge a | 5 cm | 2,3 dm | | 85 mm |
| Breite b | 3 cm | 3 dm | 15 m | |
| Flächeninhalt A | | | | 34 $cm^2$ |
| Umfang U | | | 54 m | |

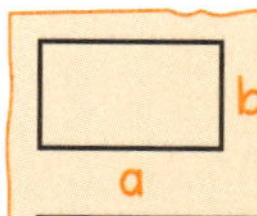


$A = a \cdot b$
$U = 2 \cdot (a + b)$

| Längen | Flächen |
|---|---|
| 1 cm = 10 mm | 1 $cm^2$ = 100 $mm^2$ |
| 1 dm = 10 cm | 1 $dm^2$ = 100 $cm^2$ |
| 1 m = 10 dm | 1 $m^2$ = 100 $dm^2$ |
| 1 km = 1000 m | 1 a = 100 $m^2$ |
| | 1 ha = 100 a |
| | 1 $km^2$ = 100 ha |

**2** a) Berechne den Flächeninhalt und den Umfang der Figuren und trage den Namen der Figur ein.

| Figuren | 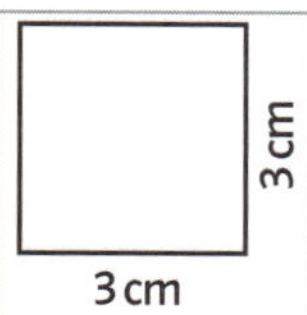 3 cm; 3 cm | 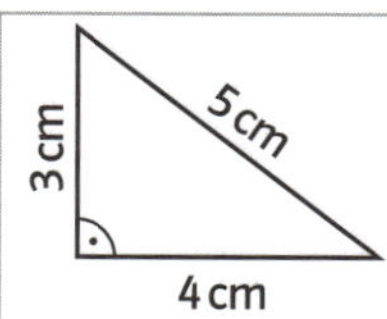 3 cm; 5 cm; 4 cm | 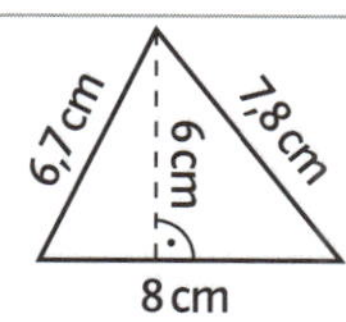 6,7 cm; 7,8 cm; 6 cm; 8 cm | 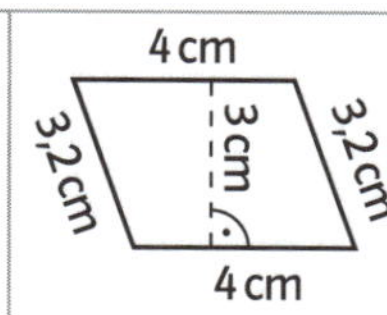 4 cm; 3,2 cm; 3 cm; 3,2 cm; 4 cm | 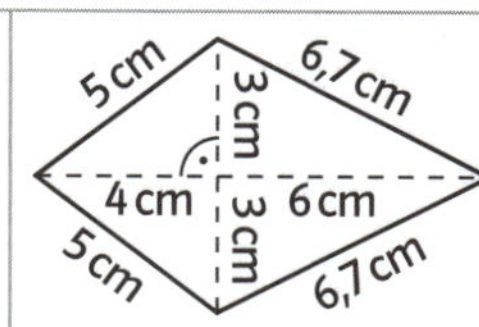 5 cm; 6,7 cm; 3 cm; 4 cm; 6 cm; 3 cm; 5 cm; 6,7 cm | 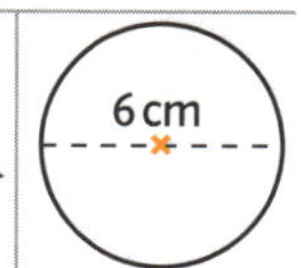 6 cm |
|---|---|---|---|---|---|---|
| Flächeninhalt | | | | | | |
| Umfang | | | | | | |
| Name der Figur | | | | | | |

b) Welche der Figuren sind achsensymmetrisch, welche punktsymmetrisch? Zeichne vorhandene Symmetrieachsen und Symmetriezentren ein.

**3** Im Bild rechts siehst du ein Rechteck mit den Seitenlängen a und b. In die Teilfiguren ist der Flächeninhalt eingetragen. Berechne den Flächeninhalt des eingefärbten Parallelogramms Ⓐ und den des Trapezes Ⓑ. Bestimme dazu die für die Berechnung notwendigen Längen.

a) Das orange Quadrat hat die Seitenlänge ____ m.

b) y = ____ m, x = ____ m

c) Schließe nun auf a (= ____ m) und b (= ____ m).

d) Flächeninhalt Parallelogramm Ⓐ: ____ $m^2$

e) Flächeninhalt Trapez Ⓑ: ____ $m^2$

f) Flächeninhalt Rechteck: $a \cdot b$ = ____ $m^2$

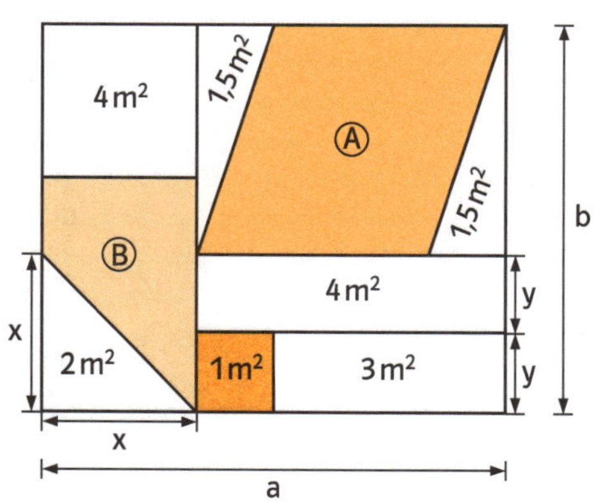


**4** Berechne das Volumen und die Oberfläche des Quaders.

O = ____

____

V = ____

____

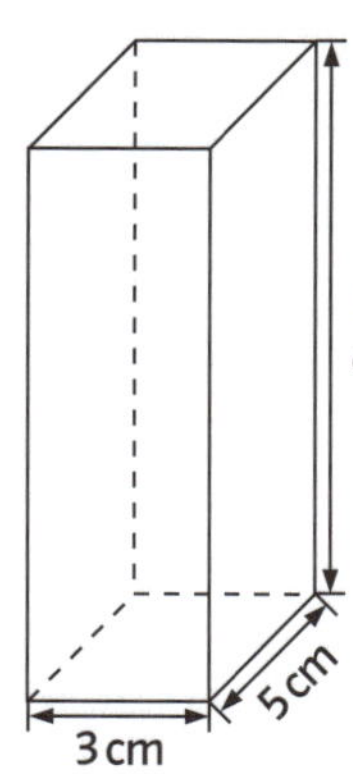


**5** Berechne das Volumen der Skulptur.

____

____

____

____

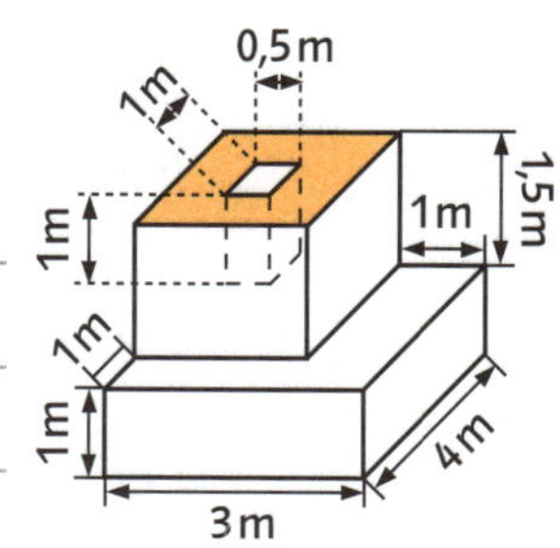

**1** Im Internet findet Julia eine Regel, mit der man die Körpergröße vorhersagen kann, wenn man die Unterarmlänge kennt. Die Regel lautet: „Multipliziere die Unterarmlänge in cm mit 4 und ziehe 13 cm ab, dann erhältst du die Körpergröße in cm."

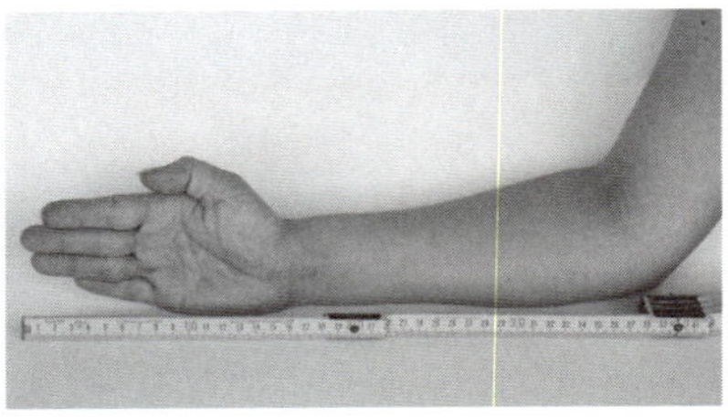

a) Gib für die Zuordnung Unterarmlänge u → Körpergröße k

eine Rechenvorschrift an: ______________________

b) Fülle die Tabelle aus.
Trage zuletzt deine Unterarmlänge ein und berechne die zugehörige Körpergröße.

| Unterarmlänge u in cm | 32 | 34 | 36 | 38 | 40 | 42 | 44 | |
|---|---|---|---|---|---|---|---|---|
| Körpergröße k in cm | | | | | | | | |

c) Zeichne den Graphen der Zuordnung.

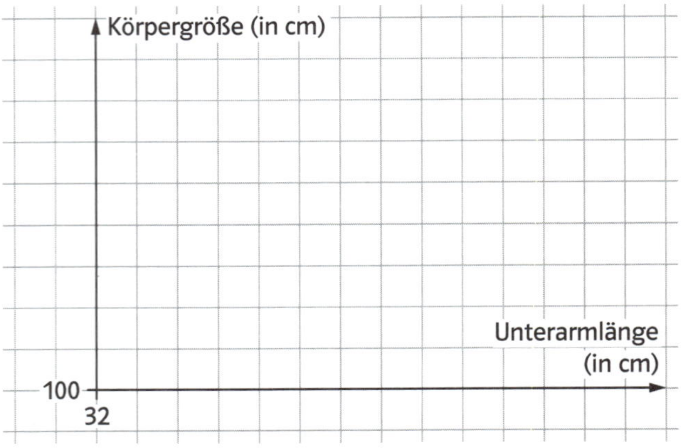


d) Gilt die Regel für jeden Menschen? ______________________

**2** Jens hat Rechtecke mit einem Flächeninhalt von 6 cm² ausgeschnitten. Er hat sie nach ihrer Länge sortiert und in ein Koordinatensystem gelegt.

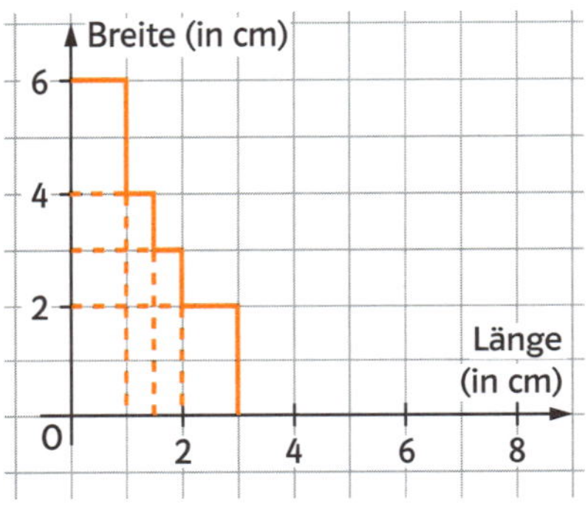


a) Zeichne die zwei fehlenden Rechtecke ein und verbinde die freien Eckpunkte der Rechtecke.

b) Jens stellt fest:
Verdoppelt man die Länge, dann ____________ sich die Breite.
Drittelt man die Länge, dann ____________ sich die Breite.
Die Zuordnung Länge → Breite ist eine ____________ Zuordnung. Der Graph ist eine Hyperbel.

c) Da das Produkt aus Länge x und Breite y immer ______ ergibt, kann die Breite y mit der Gleichung y = ________ berechnet werden.

**3** a) Ergänze die fehlenden Werte.

| Arbeitszeit in h | 0,5 | 1 | 2 | 4 | 6 | 8 |
|---|---|---|---|---|---|---|
| Lohn in € | | | | | 90 | |

b) Der Quotient $\frac{\text{Lohn in €}}{\text{Zeit in h}}$ ist immer gleich und beträgt ______ $\frac{€}{h}$. Er gibt an, wie viel ______ für ______ Arbeit bezahlt werden muss.

c) Die Zuordnung Arbeitszeit → Lohn ist eine ____________ Zuordnung.
Der Graph der Zuordnung ist eine Gerade, die durch den Punkt (____|____) geht.
Zeichne die Gerade.

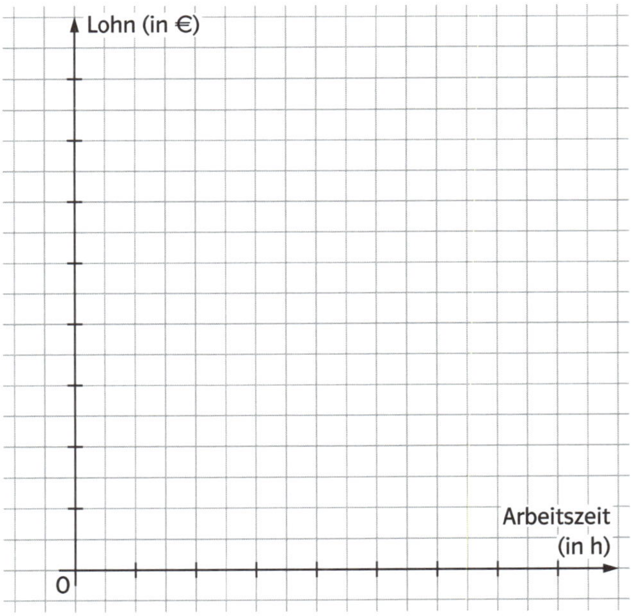

**1** Vereinfache den Term durch Zusammenfassen und Ausmultiplizieren.

a) $4x - 2x + 6 - 3 =$ ______

b) $-5z + 3{,}5 - 7{,}5z + (-1{,}5) =$ ______

c) $3 \cdot z \cdot 4 + 8 =$ ______

d) $5x - 7x + 9x - 3 - 2x =$ ______

e) $4 \cdot (5x - 3) =$ ______

f) $-2 \cdot (-4 + 7z) - 2z =$ ______

g) $(3z + 7) \cdot (-2) =$ ______

h) $2 \cdot (-4m + 8) - 7(2 - 3m)$
= ______
= ______

i) $24 - 3x - (2x + 2) =$ ______

**2** Klammere den gemeinsamen Faktor aus. Fasse gegebenenfalls weiter zusammen.

a) $7 - 14n = 7 \cdot$ ______

b) $5x - 15 + 10x = 15 \cdot$ ______

c) $\frac{3}{4} - \frac{x}{4} = \frac{1}{4} \cdot$ ______

d) $\frac{4}{5}x - \frac{2}{5} = \frac{2}{5} \cdot$ ______

**3** Löse die Gleichung. Führe mit deinem Ergebnis eine Probe durch.

a) $3x + 7 = 10 - 2x$

Probe: (1) ______
(2) ______

b) $-5 + 7x = 2x$

(1) ______
(2) ______

c) $2 \cdot (x - 3) = 5x$

(1) ______
(2) ______

d) $12 - \frac{1}{3}x = -3$

Probe: (1) ______
(2) ______

e) $0{,}2x - 4 = 8$

(1) ______
(2) ______

f) $7x - 3(5 + 2x) = 7$

(1) ______
(2) ______

**4** Verachtfacht man eine Zahl und subtrahiert davon zwölf, so erhält man das gleiche Ergebnis, wie wenn man die Zahl vervierfacht und acht addiert.

gesucht: ______

Rechnung: ______

Antwort: ______

**5** Pia ist vier Jahre jünger als ihre Schwester Lotte, der Bruder Fabian ist doppelt so alt wie Lotte. Zusammen sind alle 36 Jahre alt.

gesucht: Alter Pia: ______ Alter Lotte: $x$ ______

Alter Fabian: ______

Rechnung: ______

Antwort: ______

# Ausmultiplizieren und Ausklammern

**1** Jenny hat vergessen, Klammern zu setzen. Verbessere.

a) $2 \cdot 7x + 4 = 14x + 8$

b) $3xy - 12x^2 = 3x \cdot y - 4x$

c) $-5 \cdot 5 \cdot xy + 4 \cdot x = -25 \cdot xy - 20 \cdot x$

d) $2xy^2z - 2xy \cdot 3x = 6x^2y^2 \cdot z - 6x^2y$

e) $21x^3y - 12x^2y^2 + 9x^2yz = 7x^2y - 4xy^2 + 3xyz \cdot 3x$

**2** Klammere den angegebenen Faktor aus. Das Gesetz, das du hier anwendest, heißt

______________________________ .

| Faktor | Term | Ergebnis |
|---|---|---|
| $4$ | $4x - 8$ | $4(x - 2)$ |
| $2a$ | $6a - 4a^2$ | |
| $-2$ | $8b + 12$ | |
| $2x$ | $4xy - 10x$ | |

**3** Fülle die Lücken.

| Term | umgeformter Term |
|---|---|
| $8a - 12b$ | ____ (2a − ____ ) |
| $14xy - 77x^2y + 21xy^2$ | ____ (2 − ____ + ____ ) |
| $-7nm + 3m$ | (−1)( ____ ■ ____ ) |
| ____ $+ 12xy$ | ____ ·(3x + 2) |
| $1{,}5x - 4xy + 2x^2y^2$ | $\frac{1}{2}$( ____ − ____ + ____ ) |

**4** Drücke die Mantelfläche des Körpers als Produkt und als Summe aus.

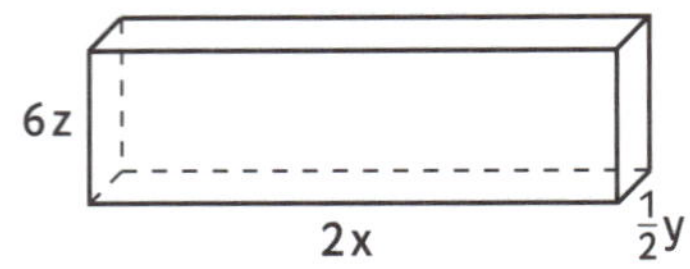


Produkt: ______________________________

Summe: ______________________________

**5** Vereinfache den Term durch Ausmultiplizieren und Zusammenfassen. Die Buchstaben der Lösungen ergeben ein Lösungswort. ____________________

a) $5x(x + 3y) + (2y - 3x^2) \cdot 4 =$ ______________________________ ■

b) $3(x + 5xy) - 2x(x - 4y) =$ ______________________________ ■

c) $4\left(\frac{1}{2}x + 6y\right) - (2x - 3y + x) \cdot (-1) =$ ______________________________ ■

d) $\frac{1}{2}(6x - 4xy) - (3x + 15xy) : 3 =$ ______________________________ ■

e) $-4x(y + 4xy) + 3x(x + 4xy) =$ ______________________________ ■

M | $-7xy + 2x$

E | $-4xy - 4x^2y + 3x^2$

U | $5x + 27y$

E | $3x + 23xy - 2x^2$

R | $5x + 21y$

R | $+8x^2 + 8y + 15xy$

T | $-7x^2 + 8y + 15xy$

**6** Wandle durch Ausklammern in ein Produkt um. Kürze danach.

a) $\frac{24x + 6y}{6} =$ ______________________________

$=$ ______________________________

b) $\frac{-169y + 13xy}{13} =$ ______________________________

$=$ ______________________________

c) $\frac{2x - 16y}{2} =$ ______________________________

$=$ ______________________________

d) $\frac{-121x^2y - 66xy^2}{11} =$ ______________________________

$=$ ______________________________

# Binomische Formeln (1)

**1** Je vier Kärtchen gehören zusammen. Verbinde sie wie im Beispiel.

| | | | | |
|---|---|---|---|---|
| $4x^2$ | $9a^2$ | $x^2$ | $25y^2$ | $16x^2$ |
| $+6bx$ | $+4xy$ | $-24ab$ | $-16xy$ | $+2{,}5xy$ |
| $+y^2$ | $+9b^2$ | $+16b^2$ | $+4y^2$ | $+\frac{1}{16}x^2$ |
| $=(2x+y)^2$ | $=(x+3b)^2$ | $=(4x-2y)^2$ | $=(3a-4b)^2$ | $=\left(5y+\frac{1}{4}x\right)^2$ |

**2** Berechne die Binome mithilfe der Multiplikationstabelle.

a) $(2a-3)^2 = 4a^2 - 12a + 9$

| $\cdot$ | $2a$ | $-3$ |
|---|---|---|
| $2a$ | $4a^2$ | $-6a$ |
| $-3$ | $-6a$ | $9$ |

b) $(2x+3y)^2 =$ ______

| $\cdot$ | | |
|---|---|---|
| | | |
| | | |

c) $(2x-y)(2x+y) =$ ______

| $\cdot$ | | |
|---|---|---|
| | | |
| | | |

**3** Anna hat leider Fehler gemacht. Streiche den falschen Term und berichtige.

a) $(4a+4)^2 = 16a^2 + \cancel{16a} + 16$ $32a$

b) $\left(2x+\frac{1}{2}y\right)\left(-\frac{1}{2}y+2x\right) = 2x^2 - \frac{1}{4}y^2$ ______

c) $(-1a-6)^2 = -a^2 - 12a + 36$ ______

d) $(0{,}5x+0{,}01y)^2 = 0{,}25x^2 + 0{,}01xy + 0{,}01y$ ______

e) $(-10x+7)^2 = 100x^2 - 140x + 49x$ ______

f) $(4x-7y)^2 = 16x^2 - 28y^2 + 49y^2$ ______

g) $(9x-8)^2 = 81x^2 - 126x + 64$ ______

h) $(2xy-3y)^2 = 4x^2y^2 - 12xy + 9y^2$ ______

i) $(4b-4c)(4b+4c) = 16b^2 - 8c^2$ ______

j) $(4yz-12xz)^2 = 16y^2z^2 + 96xyz^2 + 144x^2z^2$ ______

**4** Manche Produkte lassen sich mithilfe der binomischen Formeln leicht im Kopf berechnen.

Beispiel 1: $32^2 = (30+2)^2 = 900 + 120 + 4 = 1024$

Beispiel 2: $78^2 = (80-2)^2 = 6400 - 320 + 4 = 6084$

Beispiel 3: $27 \cdot 33 = (30-3) \cdot (30+3) = 900 - 9 = 891$

Berechne ebenso.

a) $43^2 =$ ______

b) $79^2 =$ ______

c) $42 \cdot 38 =$ ______

d) $57 \cdot 63 =$ ______

e) $91^2 =$ ______

f) $81 \cdot 79 =$ ______

g) $12 \cdot 28 =$ ______

h) $39^2 =$ ______

i) $3{,}8 \cdot 4{,}2 =$ ______

# Binomische Formeln (2)

**1** Fülle die Lücken.

a) $81x^2 -$ ______ $+ 1 = ($______ $-$ ______$)^2$

b) ______ $+ 120 +$ ______ $= ($______ $+ 10)^2$

c) ______ $+ 60x + 100 = ($______ $+$ ______$)^2$

d) $100x^2 -$ ______ $+$ ______ $= ($______ $- 2)^2$

e) $4x^2 + 28x +$ ______ $= ($______ $+$ ______$)^2$

f) $x^2 -$ ______ $+ 64 = ($______ $-$ ______$)^2$

**2** Verwandle in ein Produkt.

a) $a^2 - 4ab + 4b^2 =$ ______________________________

b) $4x^2 + 20x + 25 =$ ______________________________

c) $36n^2 - 1 =$ ______________________________

d) $900m^2 - 6400n^2 =$ ______________________________

e) $9b^2 + 6bc + c^2 =$ ______________________________

f) $x^2 - xy + \frac{1}{4}y^2 =$ ______________________________

g) $49 - b^2 =$ ______________________________

h) $\frac{1}{9}x^2 - \frac{1}{4} =$ ______________________________

i) $v^2 + 18uv + 81u^2 =$ ______________________________

**3** Fülle die Lücken.

| Summe | a | b | Produkt |
|---|---|---|---|
| a) $4n^2 - 4nm + m^2$ | $2n$ | $m$ | $(2n - m)^2$ |
| b) $81x^2 + 36xy + 4y^2$ | | | |
| c) $36x^2 - 12xy + y^2$ | | | |
| d) $25n^2 - 0{,}25m^2$ | | | |
| e) $0{,}01n^2 + 0{,}2n +$ ______ | | | |
| f) $121 + 66x +$ ______ | | | |
| g) ______ $- 120xy + 16y^2$ | | | |

**4** Klammere erst den gemeinsamen Faktor aus und bilde dann das Binom.

Beispiel: $2x^2 - 36x + 162$
$= 2(x^2 - 18 + 81)$
$= 2(x - 9)^2$

a) $20x^2 - 20x + 5$

= ______________________________

= ______________________________

b) $50a^2 - 200a + 200$

= ______________________________

= ______________________________

c) $18a^2 - 6ab + 0{,}5b^2$

= ______________________________

= ______________________________

d) $128x^2 - 98y^2$

= ______________________________

= ______________________________

**5** Markiere alle Terme, die du mithilfe der binomischen Formeln **nicht** faktorisieren kannst.
Die zugehörigen Buchstaben ergeben ein Lösungswort: ______________________

$81x^2 - 32x + 4$ | I

$x^2 - 4xy + y^2$ | R

$100a^2 - 24ba + b^2$ | A

$4a^2 - 17a + 72$ | F

$49n^2 - 14nm + m^2$ | R

$16x^2 - 10x + 1$ | F

$x^2 - 18x + 81$ | Z

$x^2 + 6x + 1$ | N

$18x^2 - 56x + 49$ | E

$4x^2 + 8x + 4$ | F

$x^2 + 12x + 25$ | T

$25x^2 - 70x + 64$ | R

$49x^2 + 26x + 4$ | I

$4x^2 - 32x + 64$ | A

$9x^2 - 30xy + 25y^2$ | U

$16x^2 + 16xy + 4y^2$ | N

## Gleichungen (1)

**1** Bestimme die Lösungsmenge.

a) $5(4x - 5) = 23 - 4(3x - 4)$ | Termumformung (ausmultiplizieren)

$20x - 25 = 23 - 12x + 16$ | TU (zusammenfassen)

$20x - 25 = 39 - 12x$ | $+12x$ | $+25$

$32x = 64$ | $:32$

$x = 2$; $L = \{2\}$

Probe, linker Term: $5(8 - 5)$ $= 15$

rechter Term: $23 - 4(6 - 4)$ $= 23 - 8 = 15$ ✓

b) $3(4x - 11) + 12 = 83 - 8(x + 3)$

Probe, linker Term:

rechter Term:

c) $2x(x + 5) = (x + 11)^2 - 12x$

Probe 1. Lösung: $x =$

linker Term:

rechter Term:

Probe 2. Lösung: $x =$

linker Term:

rechter Term:

d) $(x - 7)(x + 5) = (x - 3)^2$

Probe, linker Term:

rechter Term:

**2** Ein Rechteck ist 4 cm länger als breit. Vergrößert man die Länge um 4 cm und verkürzt die Breite um 2 cm, so verringert sich sein Flächeninhalt um 2 cm². Wie lang sind die ursprünglichen Seiten des Rechtecks?

a) Zeichnung:

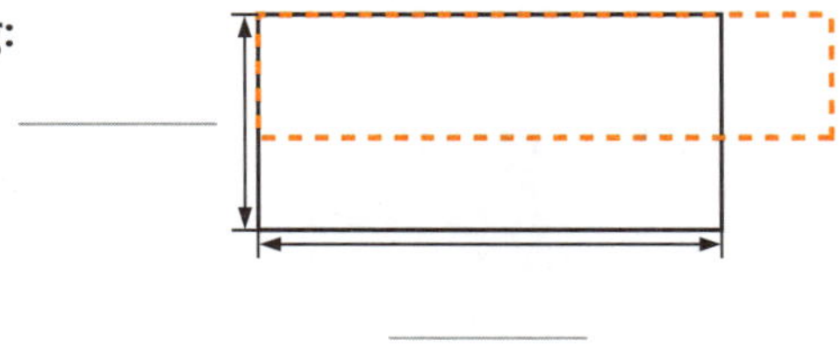

alte Seitenlänge:

neue Seitenlänge:

alte Breite:

neue Breite:

ursprünglicher Flächeninhalt:

neuer Flächeninhalt:

b) Gleichung:

c) Gleichung lösen:

d) Ist die Lösung sinnvoll?

Probe:

**1** Der Oberflächeninhalt des abgebildeten Quaders verringert sich um 36 $cm^2$, wenn man die Länge a um 1 cm verkürzt. Bestimme die Kantenlängen.

a) Planfigur:

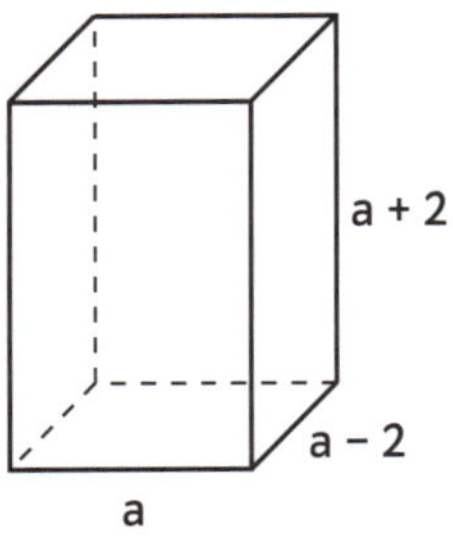


alte Seitenlängen: a; a − 2; a + 2    neue Seitenlängen: a − 1; ______ ; ______

ursprünglicher Oberflächeninhalt:

______________________________

= ______________________________

neuer Oberflächeninhalt: ______________________________

= ______________________________

b) Gleichung: ______________________________

c) Gleichung lösen: ______________________________

______________________________

______________________________

d) Probe: ______________________________

______________________________

**2** Bestimme die Lösungsmenge. Die Summe aller Lösungen ergibt $5\frac{1}{18}$.

a) $b(b-3)=0$  L = ______

b) $8x(8-x)=0$  L = ______

c) $(1{,}5a-2{,}5)(-3{,}5-\frac{1}{2}a)=0$  L = ______

d) $(y-4)(2+3y)=0$  L = ______

e) $6\left(\frac{1}{2}x-\frac{1}{4}\right)\left(3x-\frac{1}{6}\right)=0$  L = ______

f) $-2(x+5)(2{,}5-5x)=0$  L = ______

Ein Produkt ist gleich 0, wenn ein Faktor 0 ist.
$a \cdot b = 0$ (Produktgleichung)
$a = 0$ oder $b = 0$

**3** Schreibe die Gleichungen als Produktgleichungen um. Streiche diejenigen, bei denen dies nicht möglich ist. Die übrig gebliebenen Buchstaben, richtig sortiert, ergeben ein Lösungswort: ______________

| | |
|---|---|
| $4x^2-20x+25=0$ | M |
| $5x=7x$ | N |
| $0{,}25a^2+4+2a=0$ | E |
| $8(x-2{,}5)=0$ | L |
| $4x=\frac{1}{2}x^2$ | A |
| $x^2-16x+70=0$ | U |
| $y^2-64=0$ | P |

# Umstellen von Formeln

**1** Im Durchschnitt betrachtet, wird die Körpergröße eines Menschen nach den Formeln

$l_{Mä} = \frac{l_{Va} + l_{Mu}}{2} - 6{,}5\,\text{cm}$ für Mädchen und $l_{Ju} = \frac{l_{Va} + l_{Mu}}{2} + 6{,}5\,\text{cm}$ für Jungen berechnet.

Dabei steht $l_{Va}$ für die Körperlänge des Vaters, $l_{Mu}$ für die der Mutter, $l_{Mä}$ für die Körperlänge der Mädchen und $l_{Ju}$ für die Körperlänge der Jungen.

a) Kreuze richtige Aussagen an:

- ☐ Jungen sind immer größer als der Vater.
- ☐ Mädchen werden im Durchschnitt immer kleiner als ihre Brüder.
- ☐ Jungen sind manchmal kleiner als der Vater.
- ☐ Jungen sind als Erwachsene immer größer als ihre Schwestern.
- ☐ Jungen sind immer größer als die Mutter.
- ☐ Mädchen sind immer kleiner als der Vater.

b) Berechne die zu erwartende Körperlänge für eine erwachsene Tochter und einen erwachsenen Sohn eines Elternpaares, bei dem die Mutter 1,74 m und der Vater 1,87 m groß ist.

Tochter: ____________________ Sohn: ____________________

______________________________________________

c) Wie groß ist nach obiger Formel die Mutter, wenn der Sohn 1,86 m misst und sein Vater 1,87 m groß ist?

______________________________________________

**2** Leonhard Euler (1707–1793) war ein solch bedeutender deutscher Mathematiker, dass u. a. ein Asteroid und ein Mondkrater nach ihm benannt wurden. Er bewies, dass für einen Körper, der von ebenen Flächen begrenzt wird, immer gilt:

$e + f = k + 2$

Anzahl der Ecken – Anzahl der Flächen – Anzahl der Kanten

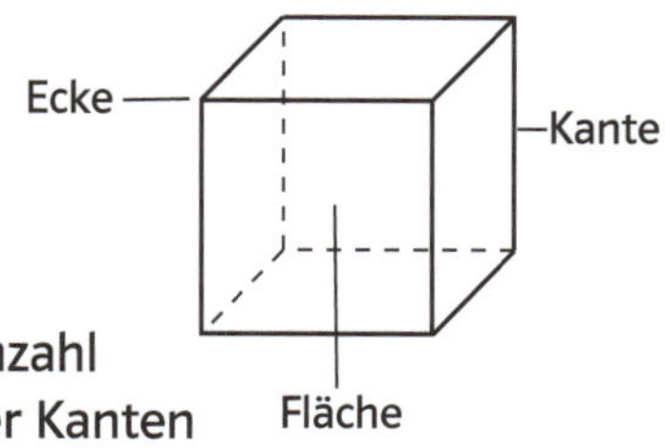


a) Überprüfe Eulers Behauptung an dem abgebildeten Körper.

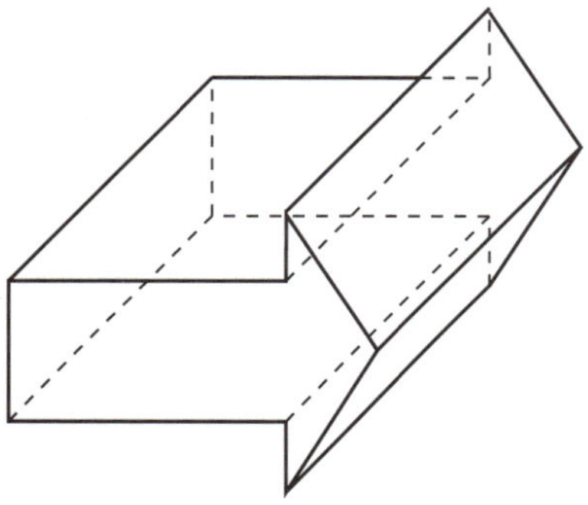

e = __________

f = __________ e + f = __________

k = __________ k + 2 = __________

b) Wie viele Kanten hat ein Körper, der 12 Ecken und 8 Flächen besitzt?

k = ____________________ = __________

Es könnte ein ______________________________ sein.

**3** Die physikalische Leistung P (in Watt), die ein Mensch beim Treppensteigen erbringt, ergibt sich aus $P = \frac{G \cdot h \cdot n}{t}$, wobei G für seine Gewichtskraft (in Newton), h für die Höhe (in Metern) der einzelnen Treppenstufen, n für die Anzahl der Stufen und t für die gebrauchte Zeit (in Sekunden) steht.

a) Wie schwer ist Aragon, wenn er in 15 Sekunden eine Treppe mit 22 gleich hohen Stufen der Höhe 0,2 m hinaufsteigt und dabei eine Leistung von 132 Watt erbringt?

G = ______________________________ = __________ N

b) Wie hoch wären die Treppenstufen, wenn seine Leistung bei sonst gleich bleibenden Bedingungen 200 W betragen würde?

h = ______________________________ = __________ m

> Info:
> Die Einheit der physikalischen Leistung ist Watt (W).

**1** Welcher Wenn ... dann ... Satz gibt die Logik des vorangestellten Satzes richtig wieder? Kreuze ihn an.

a) Sonntags findet kein Unterricht statt.
☐ Wenn kein Unterricht stattfindet, dann ist Sonntag.
☐ Wenn Sonntag ist, dann findet kein Unterricht statt.

b) Die Adventszeit ist nur drei Wochen lang, falls der 24. Dezember ein Sonntag ist.
☐ Wenn der 24. Dezember ein Sonntag ist, dann ist die Adventszeit nur drei Wochen lang.
☐ Wenn die Adventszeit nur drei Wochen lang ist, dann ist der 24. Dezember ein Sonntag.

c) Der See tritt bei zu viel Regen über die Ufer.
☐ Wenn es zu viel regnet, dann tritt der See über die Ufer.
☐ Wenn der See über die Ufer tritt, dann hat es zu viel geregnet.

**2** Markiere zuerst in der Aussage die Voraussetzung farbig.
Formuliere die Aussage in der Wenn ... dann ... Form.
a) Ein Dreieck mit zwei gleich großen Winkeln ist gleichschenklig.

Wenn ______

b) Zweistellige Primzahlen sind immer ungerade.

Wenn ______

c) Ein Viereck mit vier rechten Winkeln hat stets gleich lange Diagonalen.

Wenn ______

d) Kongruente Dreiecke haben den gleichen Flächeninhalt.

Wenn ______

**3** Bilde Umkehrungen der Aussagen aus Aufgabe 2, indem du die Voraussetzung mit der Behauptung vertauschst. Kreuze an, ob die Umkehrung wahr oder falsch ist.
Gib für die drei falschen Aussagen unten ein Gegenbeispiel an.

Hinweis: Die Umkehrung einer wahren Aussage kann wahr oder falsch sein.

| | wahr | falsch |
|---|---|---|
| a) Wenn ein Dreieck gleichschenklig ist, dann hat ______ | ☐ | ☐ |
| b) ______ | ☐ | ☐ |
| c) ______ | ☐ | ☐ |
| d) ______ | ☐ | ☐ |

Fülle die Lücken. Für jeden Buchstaben findest du einen Strich. Löse dann die Beispielaufgaben.

## Terme mit mehreren Variablen

Beim Vereinfachen geht man folgendermaßen vor:
1. Gleiche Faktoren in Produkten zu Potenzen zusammenfassen
2. Klammern auflösen
3. Ordnen
4. Gleiche Summanden zusammenfassen; dabei beachten, dass die Variablen in den gleichen Potenzen vorkommen

- $y(x \cdot 3y - 7x \cdot (-x)) - 2xy \cdot x - 2xy^2$

$= y(\_\_\_\_ + \_\_\_\_) - \_\_\_\_ - \_\_\_\_$

$= \_\_\_\_ + \_\_\_\_ - \_\_\_\_ - \_\_\_\_$

$= \_\_\_\_\_\_\_\_\_\_\_\_$

$= \_\_\_\_\_\_\_\_$

## Ausmultiplizieren und Ausklammern

Multipliziert man zwei Summen miteinander, dann wird jeder Summand der ersten Summe mit jedem Summanden der zweiten Summe multipliziert. Danach werden die Produkte addiert.

$(a + b) \cdot (c + d) = a \cdot c + a \cdot d + b \cdot c + b \cdot d$

Das Gesetz heißt _ _ _ _ _ _ _ _ _ _ _ _ _ _ _ _ _ _ _ _ .
Beim **Ausklammern** setzt man einen gemeinsamen Faktor vor die Klammer: $ab + ac = a \cdot (b + c)$.

- $-5 \cdot (y + x) = \_\_\_\_\_\_\_\_$
- $-2 \cdot (c - d) = \_\_\_\_\_\_\_\_$
- $2x - (x - y) = \_\_\_\_\_\_\_\_$
- $(3 + x) \cdot (y + 5) = 3 \cdot \_\_\_ + 3 \cdot \_\_\_ + x \cdot \_\_\_ + x \cdot \_\_\_$

  $= \_\_\_\_\_\_\_\_$
- $4x - 6 + 12y = \_\_\_ \cdot (\_\_\_\_\_\_\_\_)$

## Binomische Formeln

1. binomische Formel: $(a + b)^2 = a^2 + 2ab + b^2$
2. binomische Formel: $(a - b)^2 = \_\_\_\_\_\_\_\_$
3. binomische Formel: $(a + b)(a - b) = \_\_\_\_\_\_\_\_$

- $(6 - 2y)^2 = \_\_\_\_\_\_\_\_$
- $(4x + 3y)^2 = \_\_\_\_\_\_\_\_$
- $(z - 2a)(z + 2a) = \_\_\_\_\_\_\_\_$

## Gleichungen

**Klammern** werden erst aufgelöst. Dann wird die Gleichung mithilfe von

_ _ _ _ _ _ _ _ _ _ _ _ _ _ _ _ _ _ _ _ _ _ _ gelöst.
Die Lösung überprüft man mit der **Probe**:

________________

________________

- Gleichung: $(x + 1)^2 - x^2 - 1 + 4x = -4(10 - x)$

$\_\_\_\_ - x^2 - 1 + 4x = \_\_\_\_$

$\_\_\_\_ = \_\_\_\_ \quad | -4x$

$\_\_\_\_ = \_\_\_\_ \quad | : \_\_\_$

$x = \_\_\_$

## Formeln

Der Zusammenhang zwischen Größen, Zahlen und Variablen lässt sich mithilfe einer Formel ausdrücken. Formeln sind Gleichungen und können daher entsprechend umgeformt werden.

- Formel für Flächeninhalt A eines Dreiecks:

$A = \frac{1}{2} \cdot g \cdot h \quad | \cdot 2$

$2A = g \cdot h \quad | : \_\_\_$

$h = \_\_\_\_$

## Aussagen und Beweise

Aussagen werden oft wie folgt bewiesen:
1. Aussage in Wenn-dann-Form formulieren.
2. Man nimmt an, dass die Voraussetzung zutrifft.
3. Man zeigt, dass dann auch die Folgerung zutrifft.

Um eine Aussage zu widerlegen, braucht man nur ein einziges _ _ _ _ _ _ _ _ _ _ _ _ _ _ .

Aussage: Wenn n eine ungerade natürliche Zahl ist, dann lässt sie sich als Differenz zweier Quadratzahlen schreiben.
Beweis: Da n ungerade ist, sind $\frac{n}{2} + \frac{1}{2}$ und $\frac{n}{2} - \frac{1}{2}$ natürliche Zahlen.
Dann kann man n schreiben als $n = \left(\frac{n}{2} + \frac{1}{2}\right)^2 - \left(\frac{n}{2} - \frac{1}{2}\right)^2$; also als Differenz zweier Quadratzahlen.

## Die Kongruenzsätze wsw, sws und sss

**1** Markiere in der Skizze die gegebenen Stücke farbig und gib an, nach welchem Kongruenzsatz (sss, wsw oder sws) das Dreieck eindeutig konstruierbar ist.

a) $a = 2{,}5\,\text{cm}$, $b = 4{,}5\,\text{cm}$, $\gamma = 100°$

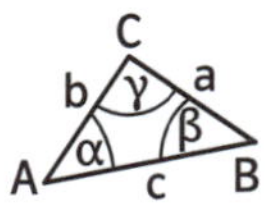


Kongruenzsatz: ______

b) $c = 5\,\text{m}$, $\alpha = 66°$, $\beta = 33°$

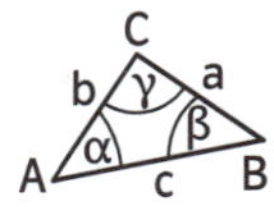


Kongruenzsatz: ______

c) $a = 3\,\text{mm}$, $b = 5\,\text{cm}$, $c = 49\,\text{mm}$

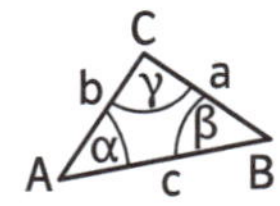


Kongruenzsatz: ______

d) $b = 6\,\text{cm}$, $\alpha = 37°$, $\beta = 53°$

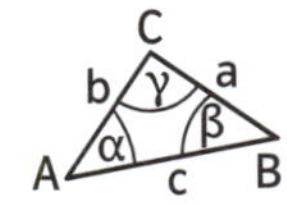


Kongruenzsatz: ______

**2** Setze die Konstruktion im Bild III fort und kreuze an, nach welchem Kongruenzsatz die Konstruktion eindeutig ist.

a) $c = 3\,\text{cm}$
$a = 3\,\text{cm}$
$\beta = 40°$

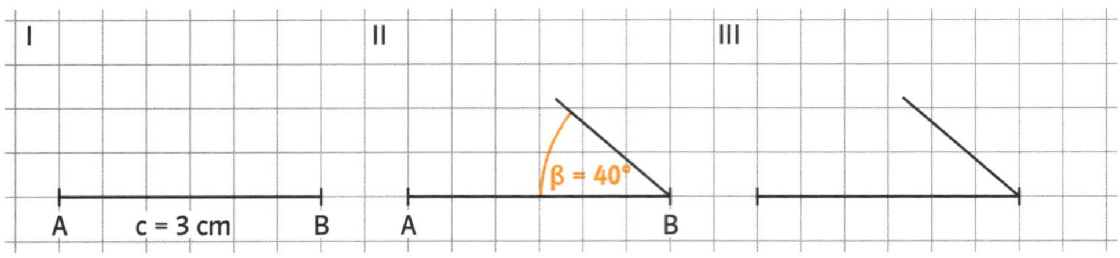


☐ sss
☐ sws
☐ wsw

b) $c = 3\,\text{cm}$
$\beta = 50°$
$\gamma = 90°$

$\alpha =$ ______ °

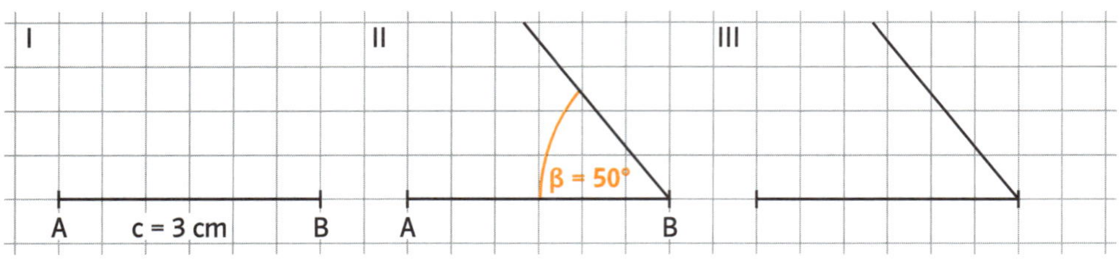


☐ sss
☐ sws
☐ wsw

c) $a = 3\,\text{cm}$
$b = 3\,\text{cm}$
$c = 3\,\text{cm}$

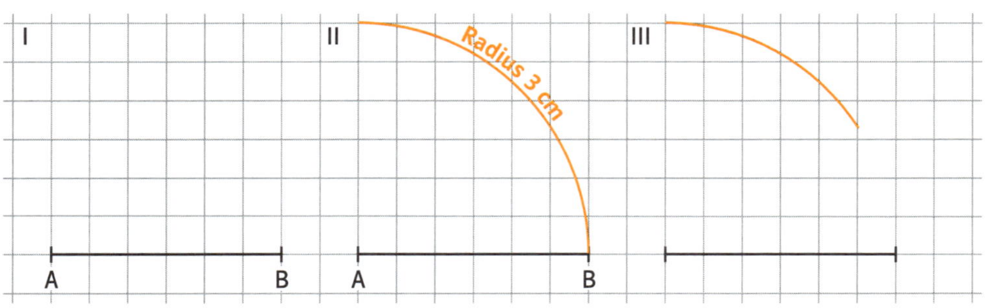


☐ sss
☐ sws
☐ wsw

**3** Konstruiere das Dreieck ABC. Markiere zuerst die gegebenen Stücke in der Planfigur farbig und entscheide, nach welchem Kongruenzsatz die eindeutige Konstruktion möglich ist.

a) $a = 3{,}2\,\text{cm}$, $c = 5\,\text{cm}$, $\beta = 80°$
Planfigur:

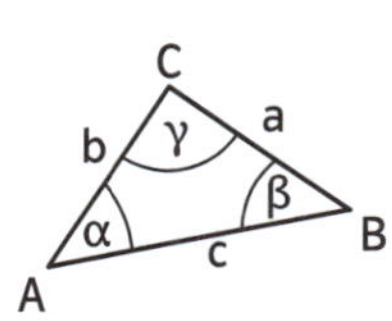


Kongruenzsatz: ______________
Konstruktionszeichnung:

b) $c = 35\,\text{mm}$, $\alpha = 30°$, $\beta = 118°$
Planfigur:

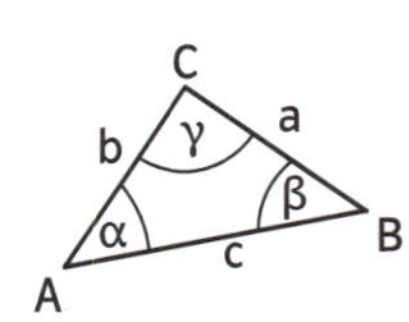


Kongruenzsatz: ______________
Konstruktionszeichnung:

Gemessen: b = _____ mm

Gemessen: b = _____ mm

Zusammen: 113 mm

**1** a) Ergänze die Konstruktion des Dreiecks DEF mit den Seitenlängen d = 3 cm, e = 4 cm, f = 6 cm.

b) Konstruiere in die vorhandene Zeichnung ein Dreieck $DEF_1$ mit denselben Seitenlängen e und f und d = 2,5 cm.

c) Wenn d nur ____ cm oder kürzer ist, lässt sich aus diesen Seitenlängen d, e und f kein Dreieck konstruieren.

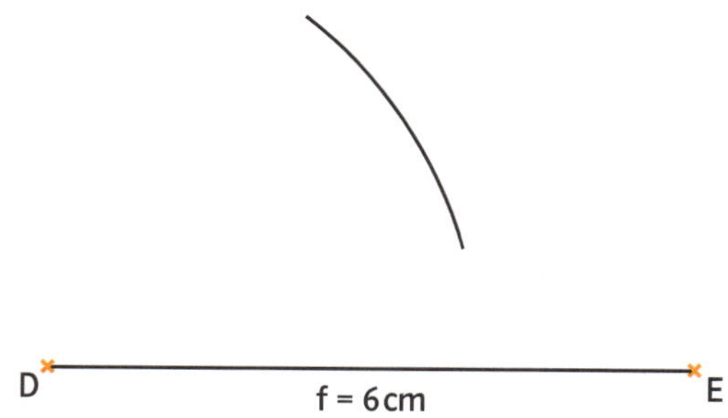


d) In jedem Dreieck gilt: eine Seitenlänge + andere Seitenlänge > dritte Seitenlänge.

Im Dreieck DEF bedeutet dies: d + e > ____ und d + ____ > ____ und e + ____ > ____.

**2** Ist aus den gegebenen Größen eindeutig ein Dreieck konstruierbar?
Falls ja, gib an, aus welchem Kongruenzsatz dies folgt.
Falls nein, begründe, warum keine eindeutige Konstruktion möglich ist.

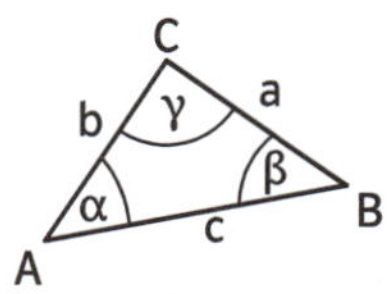


| Größen | ja | Kongruenzsatz | nein | Begründung |
|---|---|---|---|---|
| a) c = 6,7 cm, α = 65°, β = 120° | ○ | | ○ | |
| b) a = 35 mm, b = 5 cm, c = 2 cm | ○ | | ○ | |
| c) a = 5,3 cm, b = 4,2 cm, γ = 67° | ○ | | ○ | |
| d) a = 2 cm, b = 4 cm, c = 0,7 dm | ○ | | ○ | |
| e) b = 4 cm, β = 52°, γ = 36° | ○ | | ○ | |

**3** Führe die angefangene Konstruktion weiter aus. Markiere zunächst die gegebenen Stücke farbig.

a) Gleichschenkliges Dreieck mit der Basis c = 3 cm und Basiswinkel α = 45°

b) Gleichschenkliges Dreieck mit Schenkel a = 3 cm und Basiswinkel α = 55°

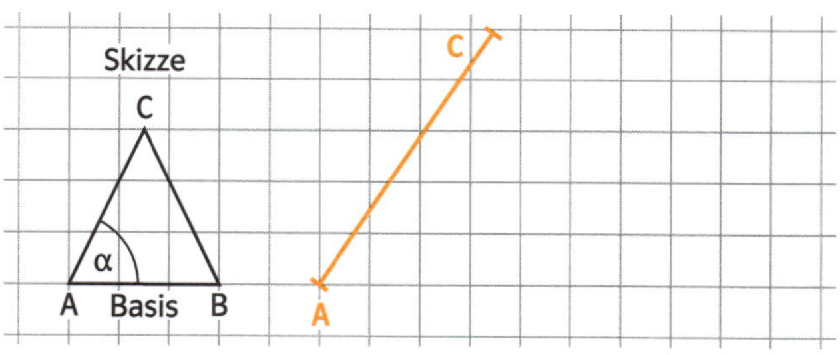


c) Gleichseitiges Dreieck mit b = 35 mm

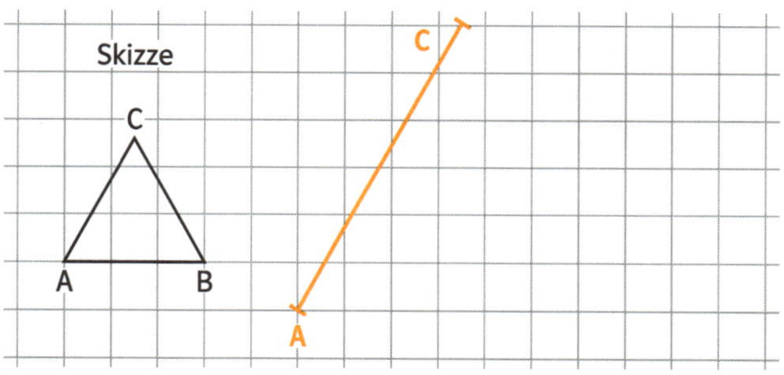


d) Rechtwinkliges Dreieck (α = 90°) mit b = 2,5 cm und c = 3,7 cm

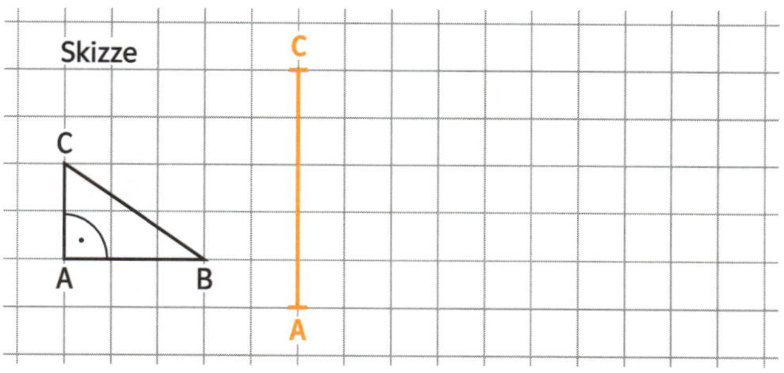

# Der Kongruenzsatz Ssw

**1** a) Gesucht ist ein Dreieck mit den Seitenlängen $a = 3\,cm$, $b = 4\,cm$ und $\alpha = 45°$. Beschrifte die Planfigur und konstruiere beide Lösungsdreiecke.

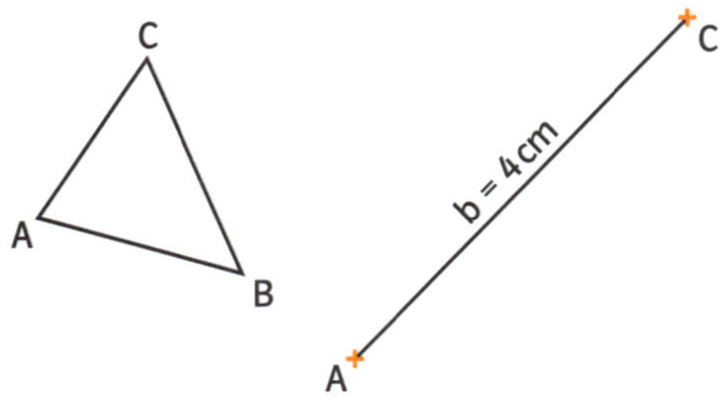


Ziehe die Seiten der beiden erhaltenen Dreiecke in zwei Farben nach.

b) Konstruiere ein Dreieck mit den Seitenlängen $a = 4\,cm$, $b = 3\,cm$ und $\alpha = 45°$. Skizziere und beschrifte eine Planfigur.

Dies zeigt dir, dass ein Dreieck nur eindeutig konstruierbar ist, wenn der gegebene Winkel der

_______________ Seite gegenüberliegt.

**2** Ordne den Bildern den richtigen Kongruenzsatz zu (sss, sws, wsw, Ssw).

a)

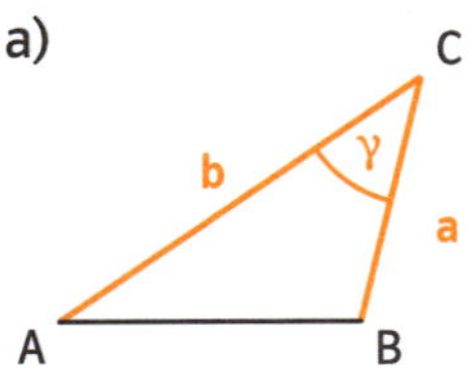


_______________

b)

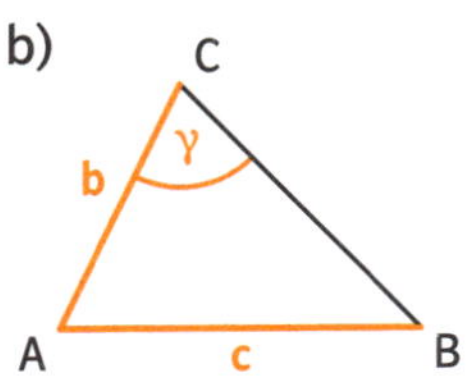


_______________

c)

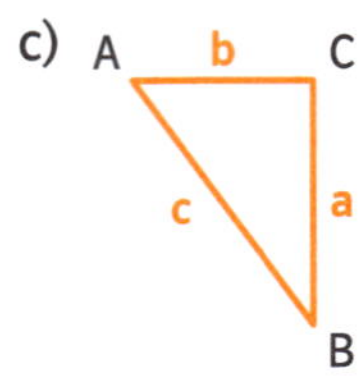


_______________

d)

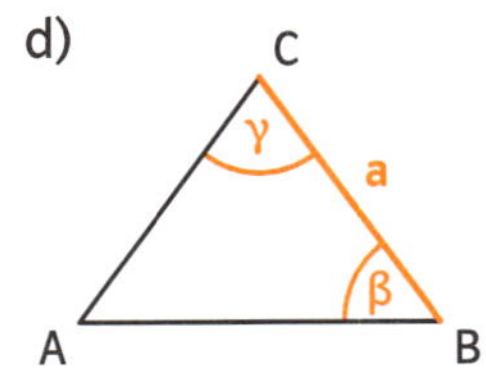


_______________

**3** Auch mithilfe der besonderen Linien können Dreiecke konstruiert werden.
Gesucht wird ein Dreieck mit den Seitenlängen $b = 3{,}5\,cm$, $c = 4\,cm$ und der Höhe $h_b = 3\,cm$.
Markiere zuerst die gegebenen Stücke in der Planfigur farbig.

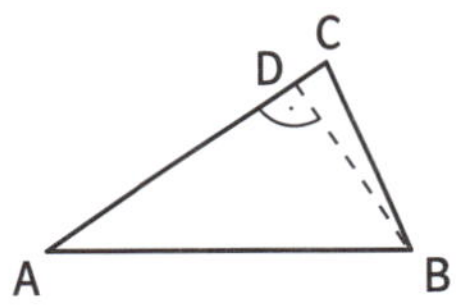


Erinnerung:
Die Höhe $h_b$ steht senkrecht auf b und verläuft durch B.

Das Teildreieck A ___ ___ lässt sich konstruieren (Kongruenzsatz ________).
Ergänze die Konstruktion des Teildreiecks. Verlängere die Strecke $\overline{AD}$ und trage

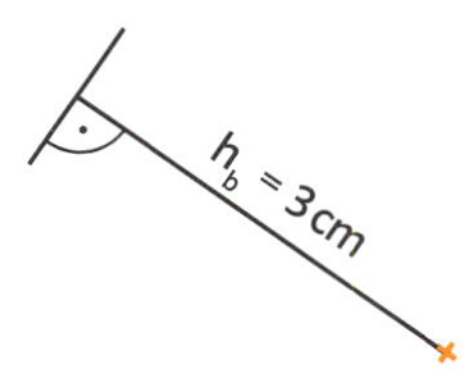


von A aus die Seitenlänge b ab, sodass du den Punkt ____ erhältst.
Ergänze die Zeichnung zum Dreieck ABC.

**4** Konstruiere ein Dreieck mit den Seitenlängen $a = 3{,}8\,cm$, $b = 4{,}5\,cm$ und der Seitenhalbierenden $s_b = 4\,cm$. Nummeriere die Konstruktionsschritte und führe die Konstruktion durch.

Erinnerung:
Die Seitenhalbierende $s_b$ verbindet die Mitte der Seite b mit B.

- Dreieck vervollständigen. ☐
- Seite b zeichnen. ☐
- Kreis um $M_b$ mit dem Raduis $s_b$. ☐
- Endpunkte mit A und C bezeichnen. ☐
- Kreis um C mit dem Radius a. ☐
- Schnittpunkt der Kreise ist B. ☐
- Mittelpunkt $M_b$ der Seite b bestimmen. ☐

**1** Konstruiere ein Viereck mit den Angaben a = 3 cm, b = 4 cm, α = 120°, β = 80°, γ = 70°. Wende dabei folgende Strategie an:
a) Markiere in der Planfigur alle gegebenen Stücke farbig.
b) Überlege, welches Teildreieck der Figur du als Erstes konstruieren kannst: Dreieck ABC nach dem Kongruenzsatz ________.
c) Zeichne das Dreieck.
d) Vervollständige mithilfe der übrigen Angaben das Dreieck zum gesuchten Viereck.

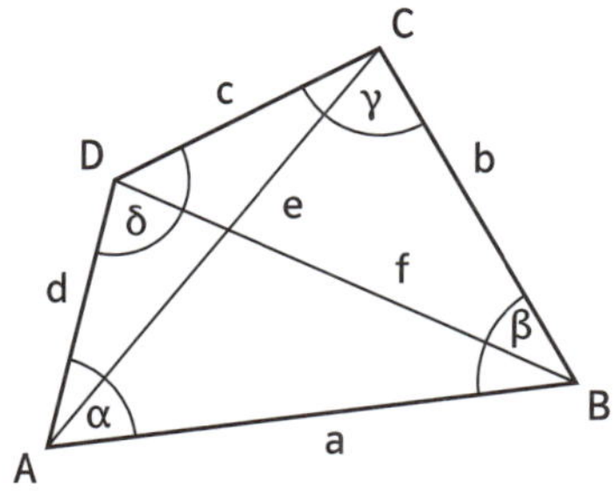


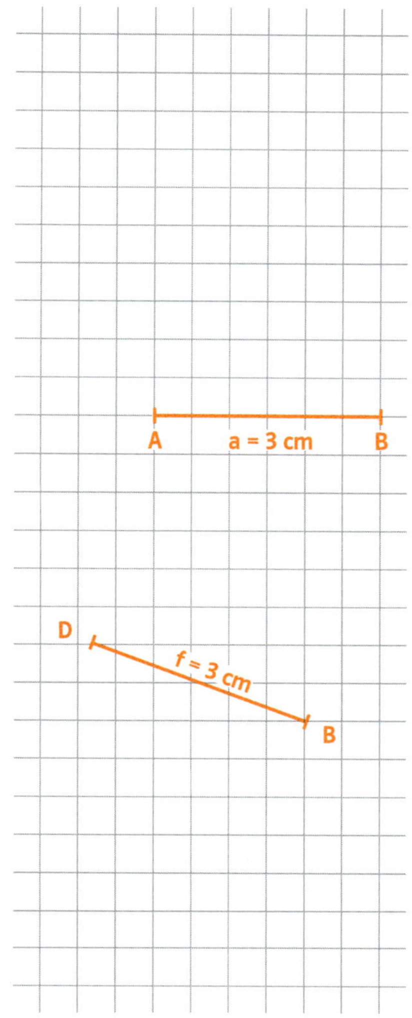


**2** Wende die Strategie aus Aufgabe 1 für die folgende Viereckskonstruktion an. Gegeben sind a = 1,5 cm, b = 2,5 cm, c = 3,5 cm, f = 3 cm und δ = 70°.

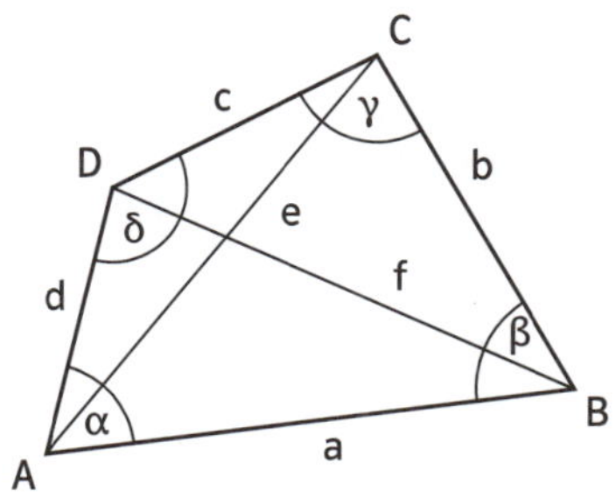


Das Dreieck ________ ist nach dem Kongruenzsatz ________ eindeutig konstruierbar.

Das Viereck ABCD ist aber nicht eindeutig konstruierbar, da bei der Konstruktion ______________________________________________

______________________________________________.

**3** Konstruiere einen Drachen aus c = 1,7 cm, e = 3 cm und der Symmetrieachse f = 4 cm.

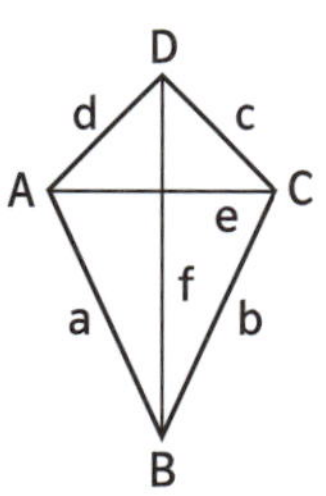


Ein Drachen ist ein Viereck mit einer Symmetrieachse.

Miss zur Kontrolle: $\overline{AB}$ = ______ mm

**4** Konstruiere eine Raute aus a = 3,5 cm und δ = 70°.

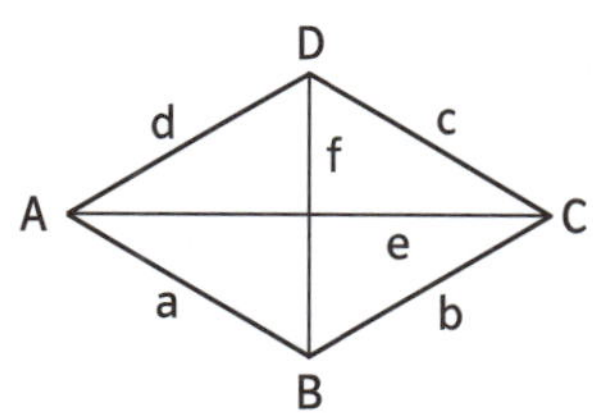


Eine Raute ist ein Viereck mit zwei Symmetrieachsen.

Miss zur Kontrolle: $\overline{AC}$ = ______ mm

**1** a) In der Figur ist der Drachen CDEI versteckt. Färbe seine Seiten.
b) Notiere alle Drachen, die du in der Figur entdeckst.

Drachen: ______________________________

c) Markiere ein in der Figur verborgenes Parallelogramm ebenfalls farbig und notiere alle zu findenden Parallelogramme.

Parallelogramm: ______________________________

d) Suche alle weiteren besonderen Vierecke.

__________ : ______________________________

__________ : ______________________________

__________ : ______________________________

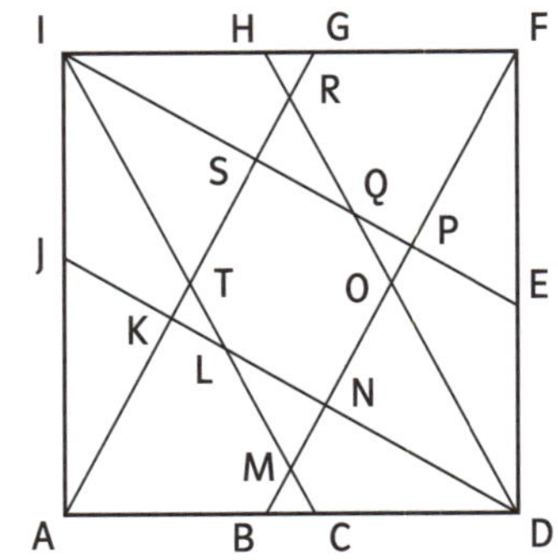


**2** a) Konstruiere im Koordinatensystem das Quadrat ABCD mit dem Eckpunkt C(3 | 5) und dem Mittelpunkt M(0 | 2).
b) Zeichne das Parallelogramm EFGH mit den Eckpunkten E(−4 | −3), F(0 | −3), G(2 | 3) und H( | ).
c) Wie heißen die Vierecke ABGH und HGCD?

______________________________

d) Wie heißt das Viereck EFBA? ______________________________

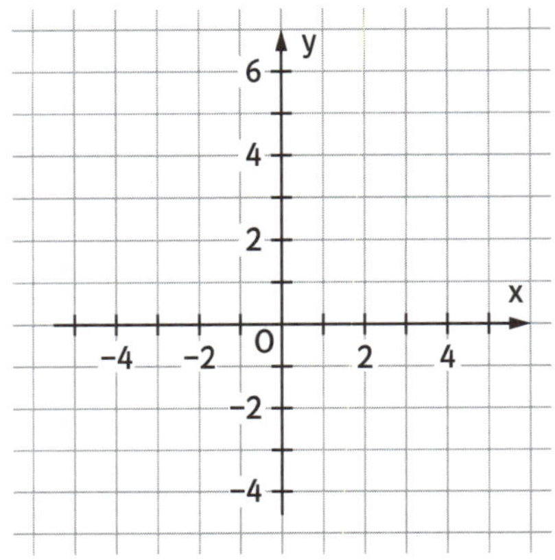


**3** Hier siehst du die Hälfte der Diagonalen eines Vierecks und den Diagonalenschnittpunkt M. Ergänze die Figur zu einem symmetrischen Viereck und notiere darunter seinen Namen.

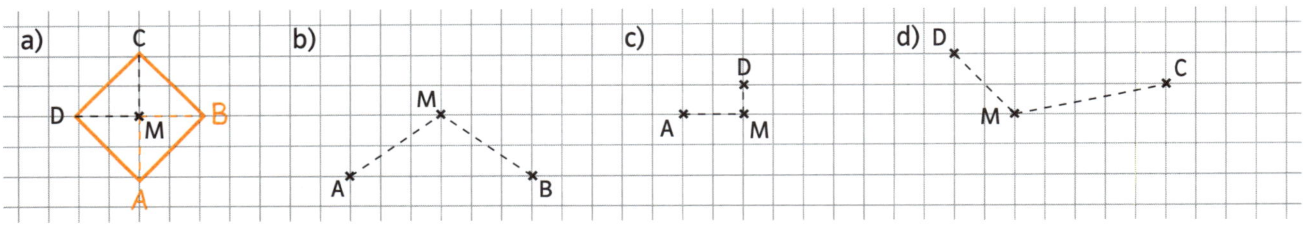


__________ __________ __________ __________

**4** Notiere alle möglichen Vierecke.

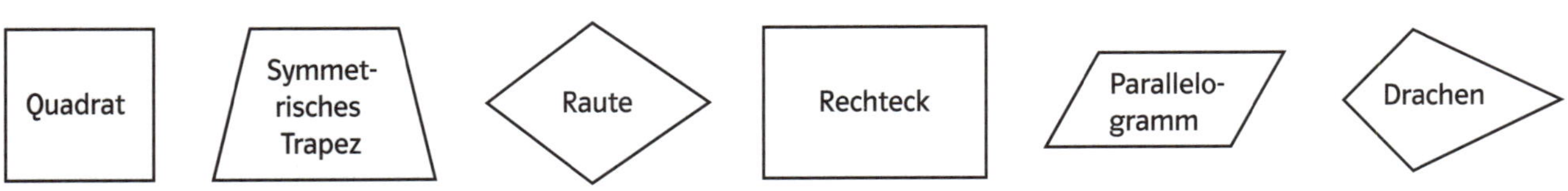


a) Mein Viereck ist punktsymmetrisch, hat aber keine Symmetrieachse.

b) Die Diagonalen meines Vierecks halbieren sich nicht.

c) Je zwei gegenüberliegende Winkel meines Vierecks sind gleich groß.

d) Die Diagonalen meines Vierecks sind senkrecht zueinander.

Fülle die Lücken. Für jeden Buchstaben findest du einen Strich. Löse dann die Beispielaufgaben.

## Dreiecksungleichung

In jedem Dreieck ist die _ _ _ _ _ von zwei Seitenlängen immer größer als die dritte Seitenlänge.

$a + b > c$ a + ____ > b ____ + c > ____

■ Gib eine mögliche Länge für die dritte und längste Dreiecksseite an.

a = 4 cm, b = 6 cm, c = __________

## Kongruenzsätze für Dreiecke

Um ein Dreieck eindeutig konstruieren zu können, benötigt man drei geeignete Angaben. Zwei Dreiecke sind kongruent, wenn sie in den folgenden Größen übereinstimmen (Kongruenzsätze):

- drei _ _ _ _ _ _ _ (sss),
- zwei Seiten und dem eingeschlossenen Winkel (_ _ _),
- einer Seite und den beiden anliegenden Winkeln (_ _ _),
- zwei Seiten und dem der größeren Seite gegenüberliegenden Winkel (_ _ _)

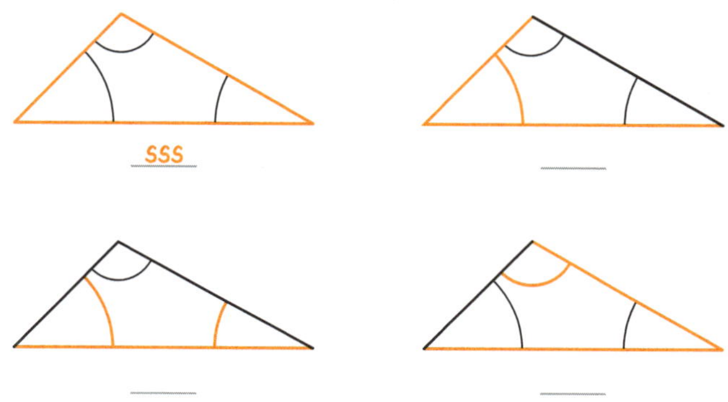


## Konstruktion mit Kongruenzsätzen

Sind _ _ _ _ geeignete Stücke eines Dreiecks gegeben, kann man mithilfe der Kongruenzsätze eine eindeutige maßstabsgetreue Zeichnung anfertigen. So lassen sich Streckenlängen bei Figuren in der Ebene oder bei Körpern im Raum durch Konstruktion ermitteln.

■ Bestimme die Höhe eines gleichschenkligen Dreiecks, dessen Basis 3 m und dessen Schenkel 2 m lang sind, in einer maßstabsgetreuen Zeichnung.

h ≈ ______ m

## Begründen mit Kongruenzsätzen

Allgemeingültige geometrische Sachverhalte lassen sich mit den Kongruenzsätzen begründen.

**Beispiel:**
Die Diagonalen im Rechteck sind gleich lang.

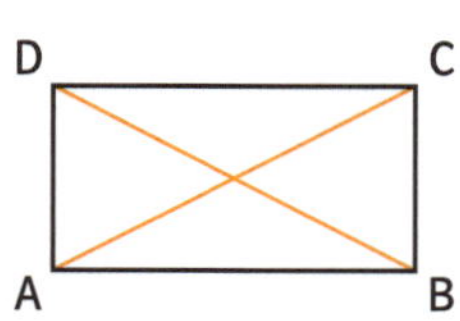


■ Die Dreiecke ABC und und ABD stimmen in den Seiten $\overline{AB}$ und $\overline{AD}$ bzw. $\overline{BC}$ überein. Außerdem schließen diese Seiten jeweils einen __________ Winkel ein. Sie sind also nach dem Kongruenzsatz __________ kongruent.

Daher gilt: $\overline{AC}$ = _____

## Konstruktion von Vierecken

Ein allgemeines Viereck ist durch _ _ _ _ Angaben festgelegt.
Ein besonderes Viereck ist durch weniger Angaben festgelegt.

■ Konstruiere ein Viereck mit $\alpha = 80°$, $\beta = 90°$, a = 4 cm, b = 1,5 cm und d = 2 cm.

Planfigur: Konstruktion:

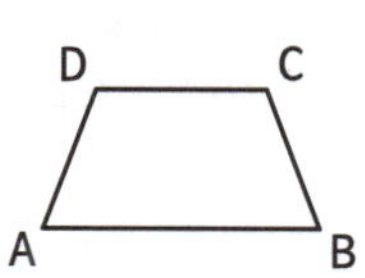

**1** Eine Bank bietet für Spareinlagen 4 % Zinsen. Betrachte die Grafik und beantworte die folgenden Fragen.
a) Wie viel Zinsen erhält man, wenn man 200 € ein Jahr lang anlegt?
b) Peter erhält 10 € Zinsen pro Jahr. Wie viel Geld hat er gespart?
c) Ist die Zuordnung Spareinlage in € → Jahreszinsen in € proportional? Begründe.

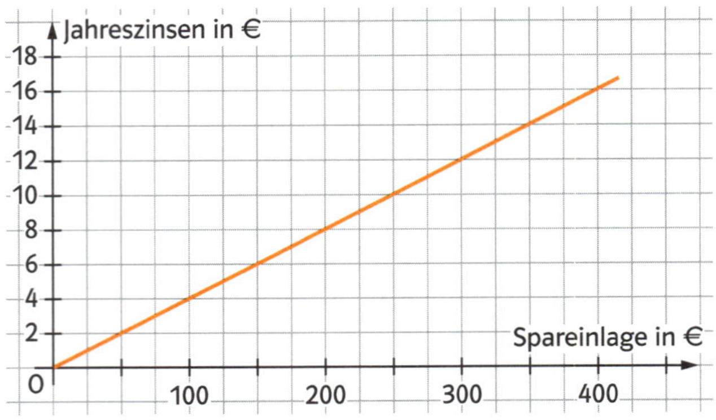


______________________________

______________________________

______________________________

d) Eine andere Bank bietet 4,5 % Zinsen. Zeichne den Graphen ein.

e) Wie viel Zinsen erhältst du in der anderen Bank für 200 €? ________ €

**2** Jutta möchte sich ihr Kinderzimmer neu einrichten. Sie vergleicht die Angebote dreier Möbelhändler:

a) Nach der ersten Preissenkung kostet das Jugendzimmer bei „Gemütlich & Billig" ________ €.

b) Nach der zweiten Preissenkung kostet das Jugendzimmer nur noch ________ €. Verglichen mit dem alten Preis ist das eine Preissenkung um ________ %.

c) Berechne den neuen Preis bei der „Wohnecke": ________ €.

d) Bei welchem Möbelhändler sollte Jutta das Zimmer kaufen? ________

e) Berechne den alten Preis bei Möbelhändler „Fritzis": ________ €.

**3** 60 % aller Schülerinnen und Schüler der Jahrgangsstufe 7 gehen mindestens einmal pro Woche zum Sport in einen Sportverein.
a) Der Kreis steht für alle Schülerinnen und Schüler der Jahrgangsstufe 7. Trage ein, wie viele Schüler mindestens einmal in der Woche zum Sport in einen Verein gehen.
b) Ein Drittel dieser Vereinssportler gehen sogar zweimal in der Woche zum Training. Trage auch diesen Wert in das Diagramm ein.
c) Wie viel Prozent der Kinder der Jahrgangsstufe gehen zweimal pro Woche zum Vereinstraining? ________
d) In der Sport-AG der Schule sind 12 Kinder, die keinem Sportverein angehören. Zusammen mit den Vereinsmitgliedern sind das 70 % der Jahrgangsstufe. Wie viele Kinder sind weder Mitglied des Sportvereins noch Teilnehmer der Sport-AG? ________

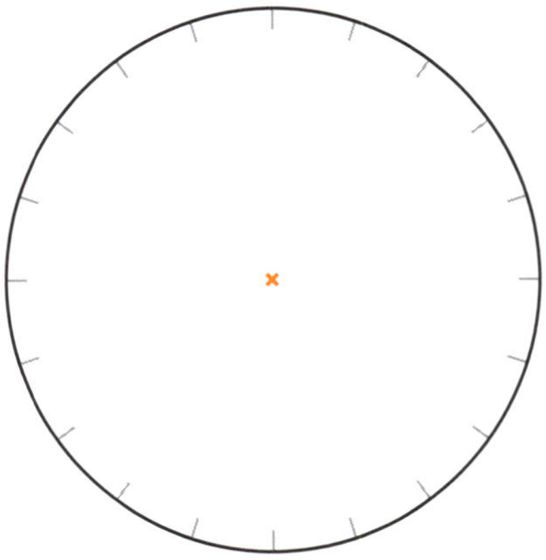

**1** Familie Schmidt hat sich ein neues Auto bestellt. Der Kaufpreis wird erst bei Abholung des Fahrzeugs fällig. Das Geld, 21500 €, liegt zurzeit auf einem Tagesgeldkonto (Zinssatz: 4,5 %), von dem man jederzeit beliebig viel Geld abheben darf. Die Lieferung des neuen Autos erfolgt erst in einem Jahr, da es sich um ein neues Modell handelt. Die Familie möchte sich von den Zinsen eine Reise nach Berlin gönnen, welche im Angebot 999 € kostet. Reicht das Geld?

a) Berechne die Zinsen mit dem Dreisatz.

21500 € — ____ %

________ € — 1 %

________ € — 4,5 %

b) Berechne jetzt die Differenz zwischen Zinsen und den Urlaubskosten: ____________________

Entscheide.

Es fehlen ________ €. ☐

Es bleiben ________ € übrig. ☐

**2** Jutta möchte bei einem Versandhaus eine Kompaktstereoanlage (Preis: 298 €) bestellen. Gegen einen geringen Aufpreis (26,82 €) wird ihr angeboten, dass sie die Anlage erst in einem Jahr bezahlen muss. Auf ihrem Sparbuch befinden sich zurzeit genau 300 €. Sie erhält dafür 3 % Zinsen. Sollte sie das Angebot des Versandhauses annehmen?

a) Sparbuch

Berechnung der Zinsen mit dem Dreisatz:

300 € — ____ %

____ € — 1 %

____ € — 3 %

b) Versandhaus

Berechnung des Zinssatzes mit dem Dreisatz:

298 € — ____ %

1 € — $\frac{\quad}{\quad}$ %

26,82 € — $\frac{\quad}{\quad}$ % = ____

Der Zinssatz des Versandhauses ist ________ als der Zinssatz des Sparbuches. Er beträgt ____ %.

Jutta sollte ____________________, sie spart damit ______ €.

**3** Stefan hat sein Konto ein Jahr lang überzogen. Er muss dafür 280 € Zinsen bezahlen. Um wie viel Euro war das Konto überzogen, wenn der Überziehungs-Zinssatz 14 % beträgt?

Das Kapital berechnet man mit der Formel $\frac{\quad}{\quad}$. Stefan hatte sein Konto um ______ € überzogen.

**4** Peter hat vor einem Jahr 1250,00 € auf einem Sparbuch angelegt. Jetzt befinden sich 1287,50 € darauf.

a) Peter hat ______ € Zinsen erhalten.

b) Der Zinssatz betrug damit ____ %.

1250,00 € — ____ %

______ € — 1 %

______ € — ____ %

c) Wenn sich der Zinssatz nicht verändert, hat Peter nach einem weiteren Jahr insgesamt ________ €, nämlich ______ € mehr auf dem Sparbuch.

**1** Berechne die Zinsen für die angegebenen Zeiträume.

a)

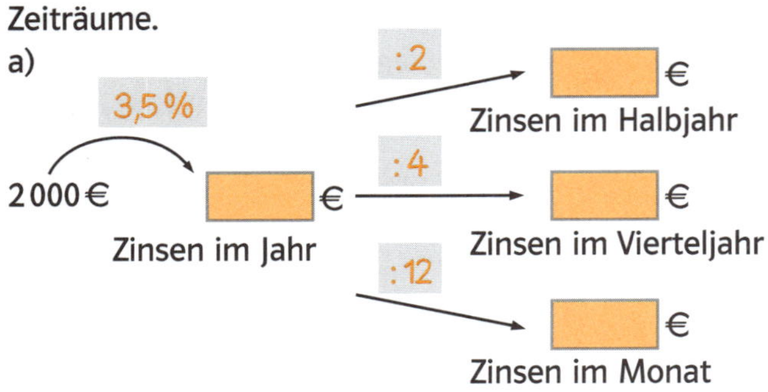


b)

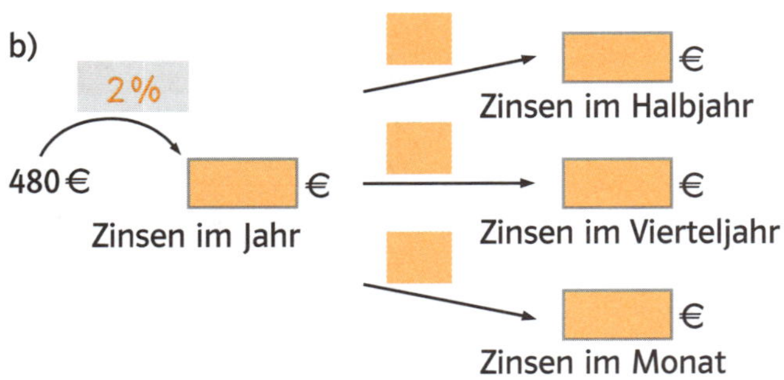


**2** Der Vater von Sven will sich einen Kleinwagen für 17800 € kaufen. Wenn er den Betrag sofort zahlt, wird ihm ein Rabatt von 2 % eingeräumt, ansonsten wird der volle Kaufpreis bei der Lieferung des Autos in 90 Tagen fällig. Bezahlen will er den Betrag von seinem Sparbuchguthaben, das dort mit 5 % verzinst wird. Soll er den Wagen lieber gleich bezahlen oder erst bei der Lieferung?

Falls er den Wagen sofort bezahlt, spart er 2 % von 17800 €, das sind ________ €. Wenn er den Betrag von 17800 € zu 5 % verzinsen würde, so wäre dies ein Jahreszins von ________ €, anteilig für die 90 Tage ergäben sich Zinsen von ________ €.

Er spart mehr, wenn er ______________ bezahlt.

**3** Berechne die fehlenden Angaben. Runde gegebenenfalls sinnvoll.

| | a) | b) | c) | d) | e) | f) |
|---|---|---|---|---|---|---|
| Guthaben in € | 200,00 € | 300,00 € | | | 700,00 € | 10 000 € |
| Zinssatz | 1 % | 2,5 % | 3 % | 1,2 % | | |
| Jahreszinsen in € | | | 24,00 € | | 93,80 € | 80 € |
| Monatliche Zinsen in € | | | | 0,50 € | | |

**4** Bei welchem Zinssatz erhöht sich ein Kapital von 2 500 € in einem Quartal auf 2 550 €?

Lösung: Wenn sich das Kapital in ________ Monaten um ________ € erhöht, so erhöht es sich in einem Jahr um ________ €. Dividiert man diese Jahreszinsen durch den Grundwert von ________ €, so erhält man den Zinssatz als Dezimalbruch ________. Das entspricht einem Prozentwert von ________ %.

**5** Für einen Kredit in Höhe von 12 000 € sind bei einem Zinssatz von 5 % bei der Bank insgesamt 300 € an Zinsen zu bezahlen. Wie lange wurde der Kredit beansprucht?

Lösung: Das Kapital beträgt ________ €, die für ein Jahr zu zahlenden Zinsen betragen ________ €.

Der Kredit wurde also nur für ______________ beansprucht.

**6** Herr Schuldig will bei seiner Hausbank ein Darlehen in Höhe von 30 000 € zu einem Zinssatz von 9,5 % aufnehmen. Nach einem Jahr will er das Darlehen und die Zinsen (________ €) zurückzahlen. Er muss dann insgesamt ______________ € bezahlen.

Bei der Kreditbank müsste er für das gleiche Darlehen nach einem Jahr 2 640,00 € Zinsen bezahlen. Das entspricht einem Zinssatz von ______ %. Bei der ____________ zahlt er also ________ € weniger.

# Tageszinsen und Zinseszinsen (2)

**1** Wer seine Ersparnisse bei Geldinstituten anlegt, bekommt dafür Zinsen. Wer sich dort hingegen Geld leiht, muss dafür Zinsen bezahlen. Auf welchen Betrag wachsen die Schulden mit Zinseszinsen an, wenn erst nach fünf Jahren mit der Rückzahlung der geliehenen 50 000 € begonnen werden soll (5 % Zinsen pro Jahr)?

| | im 1. Jahr | im 2. Jahr | im 3. Jahr | im 4. Jahr | im 5. Jahr | nach 5 Jahren |
|---|---|---|---|---|---|---|
| Schulden ohne Zinsen | 50 000 € | 52 500 Euro | | | | |
| Zinsen | 2 500 Euro | | | | | |
| Schulden mit Zinsen | 52 500 Euro | | | | | |

**2** Herr Weitsichtig möchte für seinen Enkel vier Jahre lang einen Betrag von 200,00 € für den Führerschein sparen. Die Einzahlung soll jeweils am 1.1. des Jahres erfolgen. Der Berater von der Bank rechnet mit einem Zins von 2 %. Er betont, dass es auch bis zu 4 % sein könnten. Oma Weitsichtig meint, dass der Enkel dann ja doppelt so viele Zinsen bekommen würde. Hat sie Recht? Berechne die fehlenden Werte in den Tabellen.

Zinssatz 2 % (Runde sinnvoll.)

| | Kapital in € | Zinsen in € | Summe in € |
|---|---|---|---|
| 1 Jahr | 200,00 | 4,00 | 200,00 + 4,00 = 204,00 |
| 2 Jahre | 200,00 + 204,00 = 404,00 | | |
| 3 Jahre | | | |
| 4 Jahre | | | |

Zinssatz 4 % (Runde sinnvoll.)

| | Kapital in € | Zinsen in € | Summe in € |
|---|---|---|---|
| 1 Jahr | 200,00 | 8,00 | 200,00 + 8,00 = 208,00 |
| 2 Jahre | 200,00 + 208,00 = 408,00 | | |
| 3 Jahre | | | |
| 4 Jahre | | | |

**3** Peter hat zu seinem Geburtstag insgesamt 500 € geschenkt bekommen. Er möchte das Geld anlegen, damit er später einmal einen Teil seines Führerscheins bezahlen kann. Derzeit bietet ihm seine Bank einen Zinssatz von 3,5 % an. Er rechnet mit einer Laufzeit von acht Jahren. Will man das Anwachsen des Kapitals über ____ Jahre berechnen, so muss man den Anfangsbetrag von __________ € mit dem Zinsfaktor __________ insgesamt ________ -mal multiplizieren. Rechnung: ______________________________

Nach acht Jahren beträgt das Kapital ____________________. Insgesamt gesehen vergrößert sich das Kapital um ____________ %.

**4** Herr Schnell will sich ein neues Auto für 13 000 € kaufen. Vergleiche die Angebote.

**Gut & Günstig**

Anzahlung: 2 600 €
Laufzeit: 36 Monate
Rate: 185,10 €
Schlussrate: 5 200 €

Kapital: 13 000 €
Zinssatz: 4,8 %
Zinsen im Jahr: ______ €
Laufzeit: 3 Jahre

**Reich & Reichlich**

Gesamtkosten: ______________________________ Gesamtkosten: ______________________________

Berechne für beide Finanzierungen die Gesamtkosten.

Für Herrn Schnell ist das Angebot ______________________________ besser, er spart ____________ €.

Wenn er bei seiner Bank den Kredit in drei Jahresraten zurückzahlen will, sind das pro Jahr ____________ €.

Herr Schnell muss hierfür jeden Monat ____________ € zurücklegen.

Fülle die Lücken. Für jeden Buchstaben findest du einen Strich. Löse dann die Beispielaufgaben.

### Prozentrechnen und proportionale Zuordnungen

Die Zuordnung Prozentsatz p % → Prozentwert W ist bei festgelegtem Grundwert G

_ _ _ _ _ _ _ _ _ _ _ _ _ :

G ist damit der Proportionalitäts-

_ _ _ _ _ _ $\frac{W}{p\%} = G$.

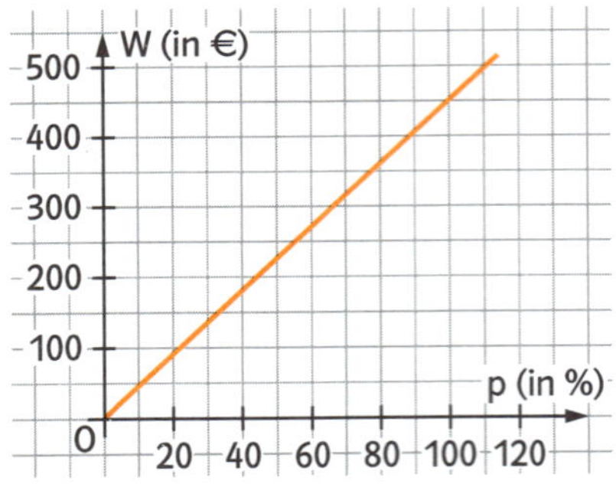


Lies die Werte aus der Grafik ab:

100 % — ____ €

10 % — ____ €

315 € — ____ %

225 € — ____ %

### Berechnung des Grundwertes G

Man dividiert den Prozentwert ____ durch den Prozentsatz ____ :

$G = \frac{W \cdot 100}{p}$

**Beispiel:**
35 % sind 700. 100 % sind dann?
Gegeben: p % (35), W (700)

p % — W

35 % — 700

1 % — $\frac{700}{\_\_\_}$

100 % — $G = \frac{700 \cdot \_\_\_}{\_\_\_}$ = ______

### Berechnung des Prozentwertes W

Man multipliziert den Prozentsatz ____ mit dem Grundwert ____ :

$W = \frac{G \cdot p}{100}$

**Beispiel:**
Wie viel sind 55 % von 500 m?
Gegeben: G (500 m)

100 % — G

100 % — 500 m

1 % — $\frac{\_\_\_}{100}$ m = ______ m

p % = 55 % — W = ______ m

### Berechnung des Prozentsatzes p %

Man dividiert den Prozentwert ____ durch den Grundwert ____ :

$p\% = \frac{W \cdot 100}{G}\,\%$

**Beispiel:**
Wie viel Prozent sind 48 von 240?
Gegeben: G (240), W (48)

G — 100 % = 1

240 — 100 %

1 — $\frac{100}{\_\_\_}$ %

W = 48 — p % = ______ %

### Zinsrechnung

| Begriffe bei der Bank | Begriffe Prozentrechnung |
|---|---|
| Zinssatz (p %) | (p %) |
| Jahreszinsen (Z) | (W) |
| Guthaben oder Kapital (K) | (G) |

Werden Zinsen einem Guthaben zugefügt, so werden diese im folgenden Jahr mitverzinst. Dabei wird für einen Monat mit ____ Tagen und für ein Jahr mit ____ Tagen gerechnet.

### Tageszinsen $Z_t$ und Laufzeit t

Zunächst berechnet man die _ _ _ _ _ _ zinsen. Danach berechnet man die Tageszinsen als _ _ _ _ _ _ der Jahreszinsen.

### Zinseszinsen und Gesamtkapital

Man kann das Gesamtkapital nach n Jahren mit dem

_ _ _ _ _ _ _ _ _ _ $q = 1 + p\%$ berechnen: $K_n = K \cdot q_n$

Piets Sparguthaben beträgt ein Jahr lang 500 €, der Zinssatz 2 %.

- Zinsen am Jahresende:

2 % von 500 € = ______ €

- Guthaben am Jahresende:

500 € · ______ = ______ €

- Zinsen für 30 Tage:

______ · $\frac{30}{360}$ = ______ €

- Guthaben nach 30 Tagen:

______ € + ______ € = ______ €

- Zinsfaktor:

q = 1 + 2 % = 1 + ______

- Guthaben nach 3 Jahren:

______ · ______ · ______ · 500 €

= ______ €

**1** Fülle die Lücken.

| Summe | a | b | 2ab | Produkt |
|---|---|---|---|---|
| $4n^2 - 4nm + m^2$ | $2n$ | $m$ | $4nm$ | $(2n - m)^2$ |
| $100x^2 - 80x + 16$ | | | | |
| $16x^2 + 56x + 49$ | | | | |
| $4x^2 + 4x + 1$ | | | | |
| $81x^2 - 144x +$ ___ | | | | |
| $9x^2 + 60x +$ ___ | | | | |
| ___ $- 4x + 1$ | | | | |

**2** Verwandle in ein Produkt.

a) $z^2 - 14z + 49 =$ ______

b) $x^2 - 4y^2 =$ ______

c) $4a^2 - 2{,}25b^2 =$ ______

d) $0{,}25x^2 - 1{,}21y^2 =$ ______

e) $\frac{1}{16}x^2 - \frac{9}{25}y^2 =$ ______

**3** Berechne die Variable durch Äquivalenzumformungen. Die Summe aller Lösungen ergibt 6,1.

a) $x \cdot 2 + 3 = 14{,}2$ | $-3$
$x \cdot 2 = 11{,}2$ | $:2$
$x = 5{,}6$

b) $0{,}5x \cdot 3 + x = \frac{1}{2}x + 6$ | ___
______ | ___
x = ___

c) $-3x + 32 = 20$ | ___
______ | ___
x = ___

d) $3 - (2x + 1) = 20$ | ___
______ | ___
______ | ___
x = ___

e) $\frac{1}{3}x + \frac{1}{3} = \frac{2}{3}$ | ___
______ | ___
x = ___

f) $-2x + 2 = (x - 2) \cdot 2$ | ___
______ | ___
______ | ___
x = ___

**4** Konstruiere ein Dreieck mit a = 3 cm, b = 4 cm und $\gamma = 55°$.
Nach welchem Kongruenzsatz ist die Konstruktion eindeutig? ______

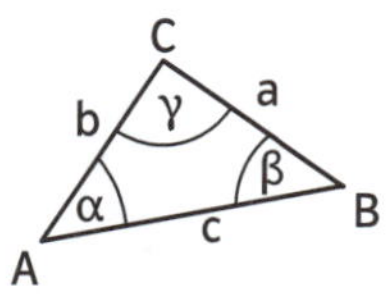


**5** Konstruiere ein gleichschenkliges Dreieck mit der Basis 2 cm und der Schenkellänge 3 cm.
Fertige zunächst eine Planfigur an. Miss zur Ergebniskontrolle die Größe der Basiswinkel:

______

**6** Fülle die Tabelle aus.

| | Kapital | Jahreszinsen | Zinssatz |
|---|---|---|---|
| a) | 3800,00 € | 285,00 € | |
| b) | 9500,00 € | 285,00 € | |
| c) | 800,00 € | | 3 % |
| d) | 4000,00 € | | 6 % |
| e) | | 40,60 € | 7 % |

**7** Oma Schmidt hat ihr Haus für 200 000 € verkauft. Sie legt bei ihrer Hausbank so viel Geld an, dass sie bei einem Zinssatz von 4,75 % jedes Jahr 1995 € Zinsen erhält. Wie viel Geld bleibt ihr für den Kauf einer kleinen Wohnung?

Gegeben: ______

Gesucht: ______

Rechnung: ______

______

Antwort: ______

**1** Welcher Graph stellt eine Funktion dar? Kreise die Buchstaben der Funktionsgraphen ein.

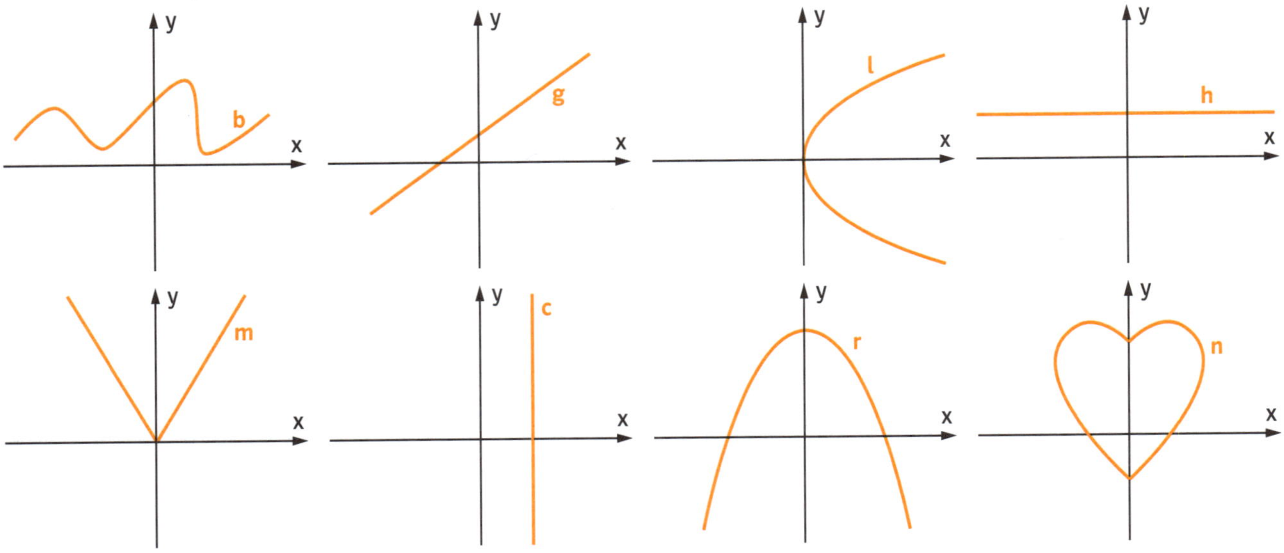


Die Buchstaben der Funktionsgraphen ergeben – umsortiert und mit zwei Vokalen ergänzt – eine deutsche Großstadt: ______________________

**2** An einem Augusttag zeigt das Thermometer um 8 Uhr 16 °C. Um 12 Uhr sind es schon 19 °C. Nach einem starken Regen hat es sich zwei Stunden später auf 17 °C abgekühlt. Abends um 18 Uhr sind es bei Sonnenschein 26 °C.

a) Skizziere in das Koordinatensystem einen möglichen Graphen der Zuordnung

Uhrzeit → ______________ .

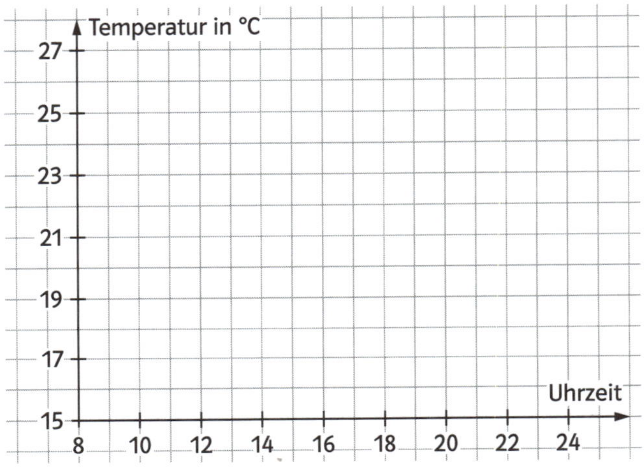


b) Die Zuordnung ist eine Funktion, weil jeder

______________ immer genau eine

______________ zugeordnet wird.

Die Zuordnung ist eindeutig.

c) Betrachte nun die umgekehrte Zuordnung Temperatur → Uhrzeit. Diese Zuordnung ist nicht

______________, denn der Temperatur 17 °C sind ________ Uhr und etwa ________ Uhr zugeordnet.

**3** Ist die Zuordnung eine Funktion?

| Zuordnung | Funktion? ja | Funktion? nein |
|---|---|---|
| a) Klassenlehrer → Schuhgröße | ○ | ○ |
| b) Schuhgröße → Lehrer | ○ | ○ |
| c) Auto → Autokennzeichen | ○ | ○ |
| d) Autokennzeichen → Auto | ○ | ○ |
| e) Körpergewicht → Körpergröße | ○ | ○ |
| f) Körpergröße → Schuhgröße | ○ | ○ |

**4** Ergänze die Zuordnungsvorschrift so, dass es

a) sich um eine Funktion handelt.

Schüler → ______________________

______________________ → Flächeninhalt

b) sich nicht um eine Funktion handelt.

Schüler → ______________________

______________________ → Flächeninhalt

**1** Gib jeweils die der Wertetabelle zugrunde liegende Funktionsgleichung an.

a) y = ____________

| x | −2 | −1 | 0 | 1 | 2 | 3 |
|---|---|---|---|---|---|---|
| y | −24 | −11 | 2 | 15 | 28 | 41 |

b) y = ____________

| x | −2 | −1 | 0 | 1 | 2 | 3 |
|---|---|---|---|---|---|---|
| y | −3,2 | −1,6 | 0 | 1,6 | 3,2 | 4,80 |

c) y = ____________

| x | −2 | −1 | 0 | 1 | 2 | 3 |
|---|---|---|---|---|---|---|
| y | 2 | −1 | −2 | −1 | 2 | 7 |

d) y = ____________

| x | −2 | −1 | 0 | 1 | 2 | 3 |
|---|---|---|---|---|---|---|
| y | 1 | 0,5 | $0,\overline{3}$ | 0,25 | 0,2 | $0,1\overline{6}$ |

**2** Ordne den Funktionsgleichungen den entsprechenden Buchstaben der Funktionsvorschriften zu.

- a: Zahl → Quotient aus der Zahl und zwei abzüglich zwei
- b: Zahl → Differenz aus fünf und dem Dreifachen des Quadrates der Zahl
- c: Zahl → Quadrat der Differenz aus fünf vermindert um das Dreifache der Zahl
- d: Zahl → Kehrwert der Hälfte der Zahl vermindert um zwei
- e: Zahl → Summe aus vier und dem Kehrwert des Achtfachen der Zahl
- f: Zahl → Kehrwert von vier vermehrt um das Achtfache der Zahl

____ $y = 8x + \frac{1}{4}$

____ $y = \frac{2}{x} - 2$

____ $y = \frac{x}{2} - 2$

____ $y = 4 + \frac{1}{8x}$

____ $y = 5 - 3x^2$

____ $y = (5 - 3x)^2$

**3** a) Zu jedem rechts abgebildeten Graphen gehört eine der angegebenen Funktionsgleichungen. Trage die Nummer des Graphen bei der zugehörigen Funktionsgleichung ein.

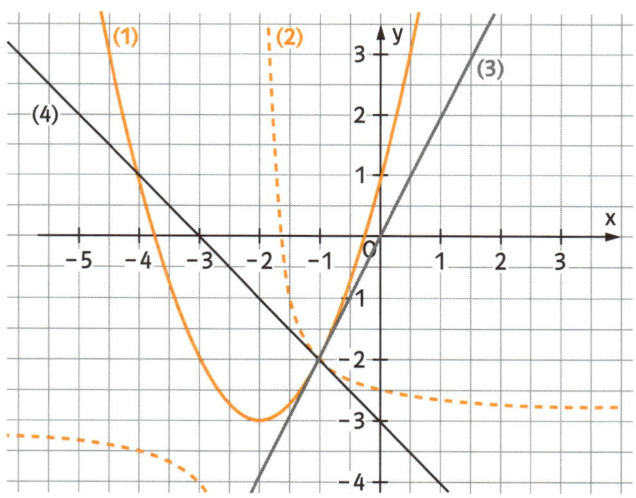


____ : $f(x) = \frac{1}{x+2} - 3$ ____ : $g(x) = 2x$

____ : $h(x) = (x+2)^2 - 3$ ____ : $k(x) = -x - 3$

b) Berechne jeweils den entsprechenden Funktionswert.

$g(2{,}5) = 2 \cdot 2{,}5 = 5$ k(3) = ________ = ________

h(−5) = ________________ = ________

f(−2,5) = ________________ = ________

**4** a) Überprüfe durch Rechnung, ob der gegebene Punkt P(3 | −1) auf den Graphen der gegebenen Funktionsvorschriften liegt.

a: $x \to (x-2)^2 - 2$ a(______) = (______ − 2)² − 2 = ______

b: $x \to -\frac{x}{3}$ b(______) = $-\frac{\_\_\_\_\_\_}{3}$ = ______

c: $x \to -x^2$ c(______) = −______² = ______

d: $x \to -\frac{5}{3}x + 4$ d(______) = $-\frac{5}{3}$ ______ + 4 = ______

b) Überprüfe deine Ergebnisse, indem du die Graphen in das nebenstehende Koordinatensystem zeichnest.

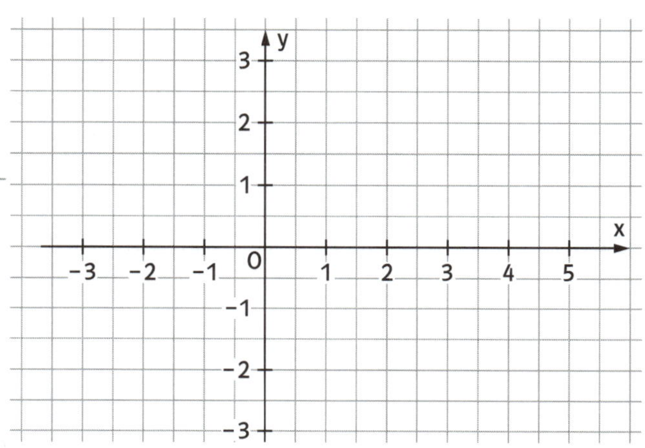

**1** Kreuze an, ob ein proportionaler oder linearer Zusammenhang besteht.

| Eingabegröße | Ausgabegröße | prop. | lin. |
|---|---|---|---|
| Seemeilen | Kilometer | ○ | ○ |
| °Celsius | °Fahrenheit | ○ | ○ |
| Drahtlänge | Drahtgewicht | ○ | ○ |
| Länge des Kabels auf einer Kabeltrommel | Gesamtgewicht der Kabeltrommel | ○ | ○ |

**3** Zeichne die Gerade durch die angegebenen Punkte und gib die Funktionsgleichung an.

a) A(−6 | −2) B(1 | 5) y = ____________

b) C(−7 | −1) D(7 | −4) y = ____________

c) E(−4 | 4) F(6 | −1) y = ____________

d) G(−2 | −8) H(6 | 4) y = ____________

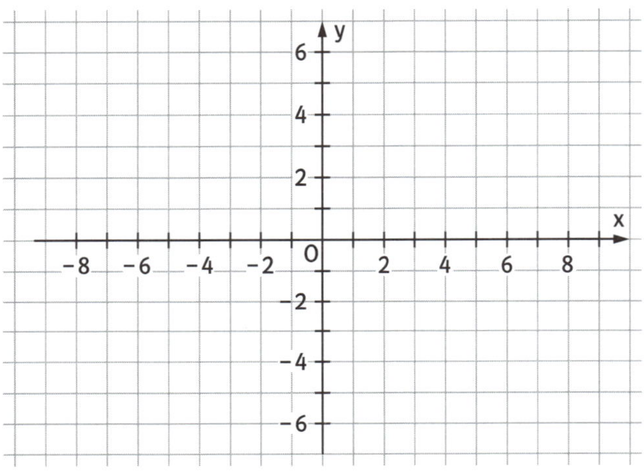


**2** a) Bestimme die Funktionsgleichung der Geraden g. g(x) = ____________

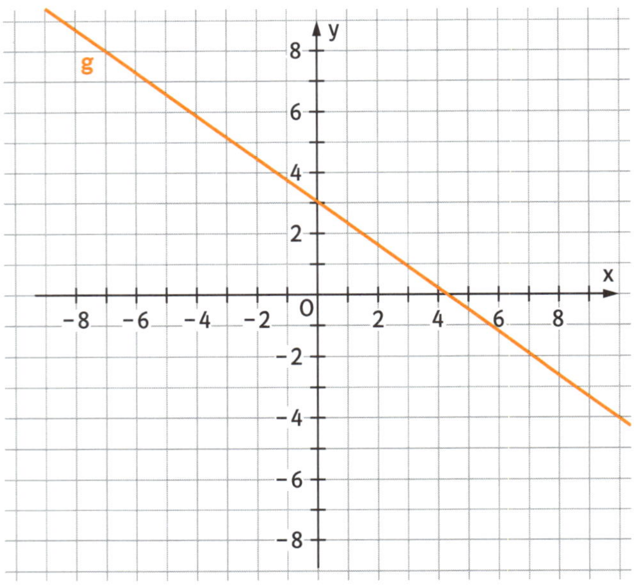


b) Zeichne durch die Punkte P(6 | −8) und Q(3 | 4) die zu g parallelen Geraden h und k ein. Gib deren Funktionsgleichung an.

h(x) = ____________ k(x) = ____________

c) Zeichne die zu h senkrechte Gerade s ein, die die y-Achse an derselben Stelle schneidet wie die Gerade h, und gib die Funktionsgleichung an.

s(x) = ____________

d) Zeichne die zu k senkrechte Gerade r ein, die die y-Achse an derselben Stelle schneidet wie die Gerade s. Die Funktionsgleichung lautet

r(x) = ____________ .

**4** Ordne den Texten die richtige Funktionsgleichung zu.

a) Der Eintritt zum Festzelt kostet pro Person 4,50 € und jedes Getränk 1,50 €.

y = 132 + 0,0458 x ______

y = 0,458 x + 132 ______

y = 1,5 x + 4,5 ______

b) Für die Anfahrt des Taxis werden 5,40 € berechnet und für jeden gefahrenen Kilometer fallen nochmals 150 ct an.

y = 4,5 x + 1,5 ______

y = 9,9 x + 9,99 ______

y = 15 x + 5,40 ______

y = 0,099 x + 9,99 ______

c) Der monatliche Grundpreis beträgt 9,99 € und jede begonnene Gesprächsminute kostet 9,9 ct.

y = 150 x + 540 ______

d) Der Gas-Arbeitspreis beträgt pro Kilowattstunde (kWh) 4,58 ct, zudem beträgt die jährliche Grundgebühr 132 €.

# Lineare Funktionen (2)

**1** Leon, der Sohn der Familie Ochs, will für den Umzug in seine erste eigene Wohnung einen Kleintransporter ausleihen. Für den Kleintransporter wird eine Grundgebühr von ________ € pro Tag verlangt sowie pro gefahrenem Kilometer nochmals ________ €.

**LEIHGEBÜHREN:**
- Kleintransporter pro Tag: 60,– €
- Kosten pro km: 0,20 €
- Anhänger pro Tag: 40,– €

a) Die Funktion zur Berechnung der Kosten in Abhängigkeit der gefahrenen Kilometer lautet:

y = ______________________ .

b) Berechne und fülle die Tabelle aus.

| Strecke in km | 0 | 100 | 250 | 300 | 400 |
|---|---|---|---|---|---|
| Kosten in € | 60 | | | | |

c) Zeichne den Graphen dieser linearen Funktion in das Koordinatensystem ein.

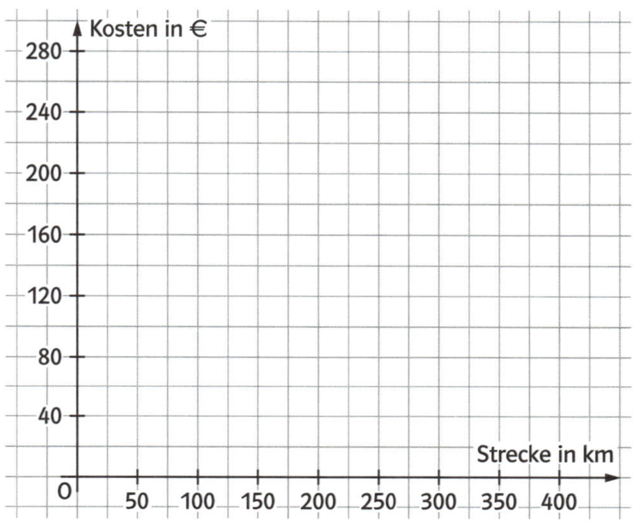


d) Da Leon zweimal fahren muss, um alles in die neue Wohnung zu bringen, betragen die Leihkosten für die Strecke von 270 km insgesamt ________ €.

e) Leon überlegt nun, ob er zu dem Kleintransporter noch einen Anhänger leihen sollte, da er dann die Strecke nur einmal fahren müsste. Für einen Anhänger wird eine Gebühr von ________ € pro Tag erhoben.
Die neue Funktion zur Berechnung der Kosten in Abhängigkeit der gefahrenen Kilometer lautet

y = ______________________ .

f) Berechne und fülle die Tabelle für diese neue lineare Zuordnung aus.

| Strecke in km | 0 | 100 | 200 | 350 | 400 |
|---|---|---|---|---|---|
| Kosten in € | 100 | | | | |

g) Zeichne das Schaubild dieser neuen linearen Zuordnung in das Koordinatensystem ein.

h) Der Graph der neuen Funktion ist ein um ______ in y-Richtung ________________ Graph der alten Funktion.

i) Wenn Leon mit einem Anhänger nur einmal fahren muss, um alles in seine neue Wohnung zu bringen, betragen die Leihkosten für die Strecke von __________ km insgesamt ____________ €.

j) Kreuze an. Der Umzug mit einem Anhänger ist für Leon finanziell die ☐ schlechtere ☐ bessere Alternative.

k) Leon spart durch die Benutzung des Anhängers auch die Spritkosten für eine Tour. Diese Ersparnis beträgt bei einem Verbrauch von 12 l Diesel pro 100 km und einem Preis von 1,35 € pro Liter __________ €.

l) Nun wäre für Leon der Umzug mit einem Anhänger die finanziell ☐ schlechtere ☐ bessere Alternative.

m) Bei gleicher Grundgebühr und einer Kostenpauschale von 10 ct pro Kilometer wäre der Umzug mit einem Anhänger für Leon finanziell die ☐ schlechtere ☐ bessere Alternative.

n) Durch die Benutzung eines Anhängers spart Leon drei Stunden Fahrt, in denen er bereits seine Wohnung einrichten kann.
Unter Einbeziehung des Zeitfaktors ist es mit Anhänger die ☐ schlechtere ☐ bessere Alternative.

**1** Gib die Geradengleichung an, die die Zahlenpaare P und Q als Lösung haben.

a) P(4 | 1) Q(7 | −2)

$m = \frac{(-2) - 1}{7 - 4} = \frac{-3}{3} = -1$

1 = −1 · 4 + b = b = ______

y = ______

b) P(1,5 | 4) Q(−4 | 3)

m = $\frac{\square - \square}{\square - \square}$ = ______ = ______

______ = ______ + b b = ______

y = ______

c) $P\left(\frac{1}{4} \middle| -1\right)$ $Q\left(0 \middle| -\frac{6}{5}\right)$

m = $\frac{\square - \square}{\square - \square}$ = ______ = ______

______ = ______ + b b = ______

y = ______

d) P(−0,9 | 6) $Q\left(\frac{2}{5} \middle| 2\right)$

m = $\frac{\square - \square}{\square - \square}$ = ______ = ______

______ = ______ + b b = ______

y = ______

**2** Die Tabelle gehört zu einer linearen Funktion. Ergänze die Lücken und gib die Funktionsvorschrift an.

| x | −2 | −1 | 0 | | 3 | 4 |
|---|---|---|---|---|---|---|
| f(x) | 7 | 5 | | 1 | | |

a: x → ______

| x | | −1 | 0 | 1 | 4 | |
|---|---|---|---|---|---|---|
| f(x) | −19 | | | 9 | 30 | 33,5 |

b: x → ______

| x | −5 | | 0 | | 2 | |
|---|---|---|---|---|---|---|
| f(x) | | −5,8 | −4 | −3,4 | −2,8 | −0,4 |

c: x → ______

| x | −4 | −2 | −1 | 0 | 1 | 4 |
|---|---|---|---|---|---|---|
| f(x) | | | $-4\frac{2}{3}$ | | $-5\frac{1}{3}$ | |

d: x → ______

**3** Bestimme die Funktionsgleichungen der Geraden A bis F.

A: y = ______ B: y = ______

C: y = ______ D: y = ______

E: y = ______ F: y = ______

G: y = ______ H: y = ______

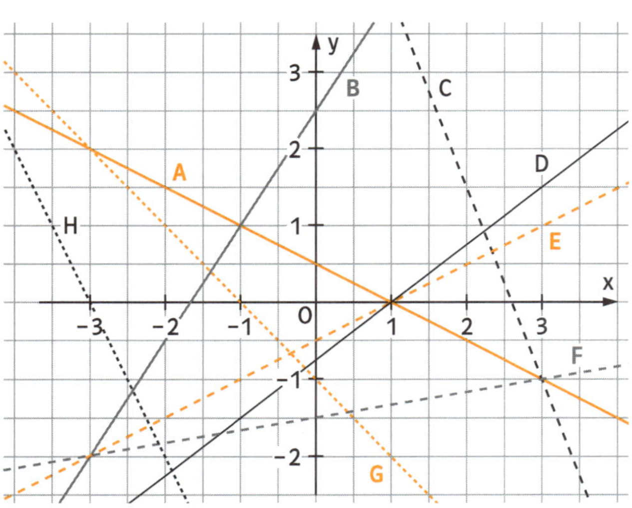


**4** Wegen einer notwendigen Reparatur muss der zu 60 % befüllte Feuerwehrtankwagen (Gesamtladevolumen: 16 000 l) entleert werden. In einer Viertelstunde laufen 6000 l ab. Nach welcher Zeit ist der Tank leer?

a) Der Wagen ist momentan mit ______ l gefüllt.

b) In einer Minute laufen ______ l Wasser ab.

c) Zeichne den Graphen f: Zeitdauer x → Volumen y. Die Funktionsgleichung lautet:
f(x) = ______

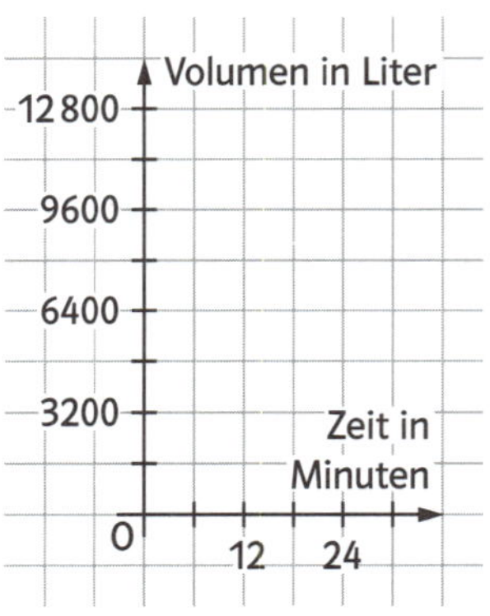


d) Nach 15 Minuten sind noch ______ l im Tankwagen.

e) Bei einem Füllstand von 6400 l waren ______ Minuten um.

f) Nach ______ Minuten war der Tankwagen leer.

# Lambacher Schweizer 8

Mathematik für Gymnasien

Ausgabe A

# Lösungen zum Arbeitsheft

**Basiswissen | Prozent- und Zinsrechnung, Seite 3**

**1**

$25\,\% = 0{,}25 = \frac{25}{100}$ $0{,}40 = 40\,\% = \frac{4}{10}$ $0{,}125 = 12{,}5\,\% = \frac{1}{8}$

$\frac{1}{3} = \frac{33{,}\overline{3}}{100} = 33{,}\overline{3}\,\%$ $50\,\% = 0{,}5 = \frac{1}{2}$

**2**

a) $G = \frac{W}{p\,\%} = \frac{100 \cdot W}{p}$ b) $p\,\% = \frac{W}{G}$

**3**

Waagrecht

b) G = 495 € d) Z = 39 € f) p% = 1,7% g) W = 12
i) G = 5000 € j) G = 12 590 € l) W = 50 kg m) Z = 0,07 €
o) 52,3 q) p% = 4% r) W = 270 s) W = 180 l
t) Z = 200 € u) W = 71,40 € w) p% = 15% x) W = 108

Senkrecht

a) Z = 3150 € b) W = 470 € c) K = 5102 € e) G = 930 €
h) G = 7500 j) G = 1050 k) W = 58,48 GByte
l) p% = 5% n) G = 7960 m s) W = 120 t) G = 2000
p) p% = 17% r) W = 2175 v) p% = 45%

| | | | | | | | | | | |
|---|---|---|---|---|---|---|---|---|---|---|
| a 3 | | b 4 | 9 | c 5 | | | | d 3 | e 9 | |
| f 1 | , | 7 | | g 1 | 2 | | h 7 | | 3 | |
| 5 | | 0 | | 0 | | | i 5 | 0 | 0 | 0 |
| 0 | | | j 1 | 2 | k 5 | 9 | 0 | | | |
| | | l 5 | 0 | | 8 | | m 0 | , | 0 | n 7 |
| | | | o 5 | 2 | , | 3 | | | | 9 |
| | p 1 | | 0 | | q 4 | | | | | 6 |
| r 2 | 7 | 0 | | s 1 | 8 | 0 | | t 2 | 0 | 0 |
| 1 | | | | 2 | | | | 0 | | |
| u 7 | 1 | , | v 4 | 0 | | | | 0 | | |
| 5 | | w 1 | 5 | | | | x 1 | 0 | 8 | |

**Basiswissen | Beziehung in geometrischen Figuren, Seite 4**

**1**

$\alpha = 50°$; $\beta = 70°$; $\gamma = 60°$; $\delta = 70°$; $\varepsilon = 20°$

**2**

$\alpha = 40°$; $\beta = 84°$; $\gamma = 56°$; $\delta = 40°$

**3**

Konstruktion des Inkreismittelpunkts mithilfe der Winkelhalbierenden.
Der Durchmesser darf höchstens 0,90 m betragen.

**4**

Konstruktion mithilfe von Mittelsenkrechte (gleich weit entfernt von Punkten) und Winkelhalbierende (gleich weit entfernt von Geraden).
Entfernung von den Häusern ca. 16 m.

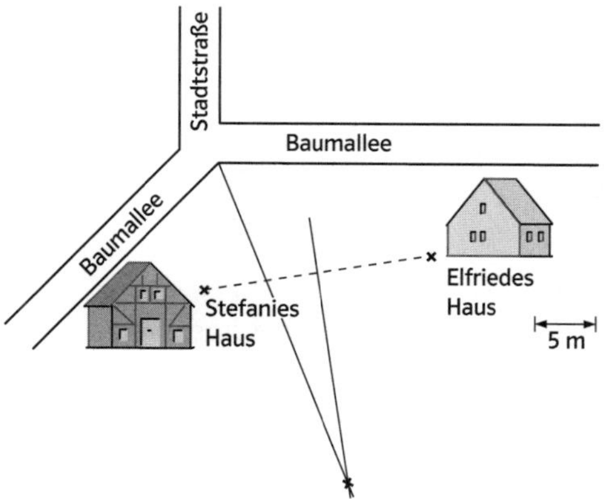


**5**

$54° = 234° - 180°$ $126° = 180° - 54°$

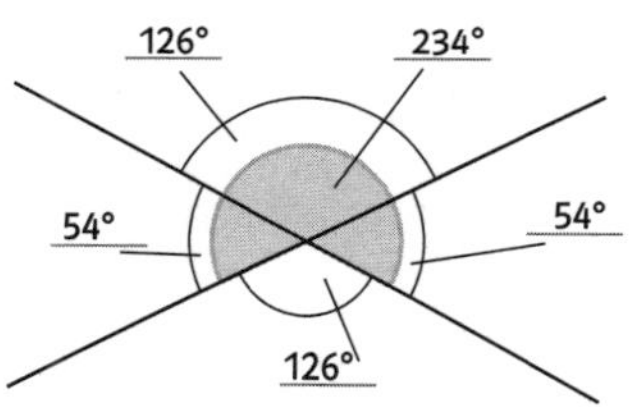


**6**

a) 720° b) 7 c) 1260°

**Basiswissen | Flächeninhalt und Volumen, Seite 5**

**1**

| | a) | b) | c) | d) |
|---|---|---|---|---|
| Länge a | 5 cm | 2,3 dm | 12 m | 85 mm |
| Breite b | 3 cm | 3 dm | 15 m | 40 mm |
| Flächeninhalt A | 15 cm² | 6,9 dm² | 180 m² | 34 cm² = 3400 mm² |
| Umfang U | 16 cm | 10,6 dm | 54 m | 250 mm |

**2**

a) (siehe Tabelle 1)

b) Achsensymmetrisch sind: Quadrat, Drachen und Kreis (beliebig viele Symmetrieachsen).
Punktsymmetrisch sind: Quadrat, Parallelogramm und Kreis.

**3**

| | |
|---|---|
| a) 1 m | b) y = 1 m; x = 2 m |
| c) a = 6 m; b = 5 m | d) $9\,m^2$ |
| e) $4\,m^2$ | f) $a \cdot b = 30\,m^2$ |

**4**

$O = (2 \cdot 3 \cdot 5 + 2 \cdot 5 \cdot 9 + 2 \cdot 3 \cdot 9)\,cm^2 = 174\,cm^2$
$V = 3 \cdot 5 \cdot 9\,cm^3 = 135\,cm^3$

**5**

$V = 3 \cdot 4 \cdot 1\,m^3 + 2 \cdot 3 \cdot 1{,}5\,m^3 - 1 \cdot 1 \cdot 0{,}5\,m^3 = 20{,}5\,m^3$

**Basiswissen | Zuordnungen, Proportionalität, Seite 6**

**1**

a) k = 4u − 13

b)

| Unterarmlänge u in cm | 32 | 34 | 36 | 38 | 40 | 42 | 44 |
|---|---|---|---|---|---|---|---|
| Körpergröße k in cm | 115 | 123 | 131 | 139 | 147 | 155 | 163 |

In die letzte Spalte kann die individuelle Unterarmlänge eingetragen und damit die zu erwartende Körpergröße errechnet werden.

c)

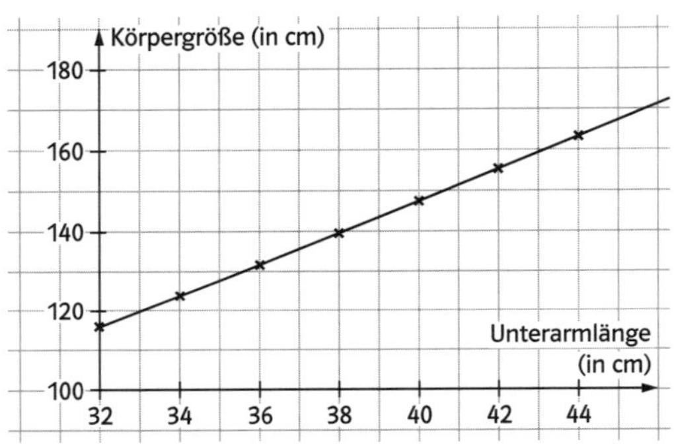


d) Nein, es ist eine Faustregel (Menschen mit gleicher Größe können unterschiedlich lange Unterarme haben).

**2**

a)

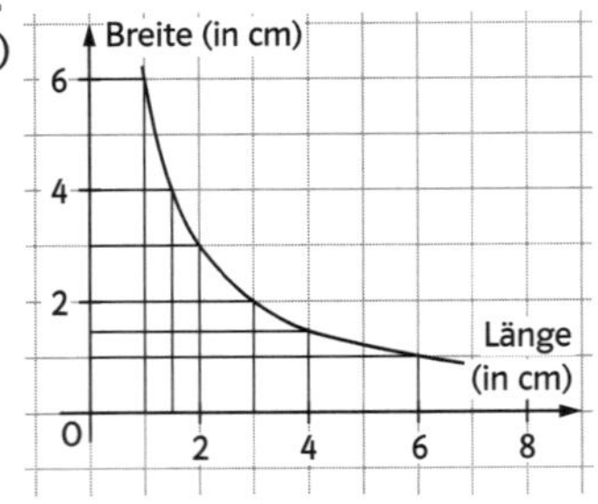


b) Verdoppelt man die Länge, dann halbiert sich die Breite. Drittelt man die Länge, dann verdreifacht sich die Breite.
… antiproportionale Zuordnung …

c) … immer 6 ergibt, … Gleichung $y = \frac{6}{x}$ (oder y = 6 : x)

**3**

a)

| Arbeitszeit in h | 0,5 | 1 | 2 | 4 | 6 | 8 |
|---|---|---|---|---|---|---|
| Lohn in € | 7,5 | 15 | 30 | 60 | 90 | 120 |

b) Der Quotient … beträgt $15\,\frac{€}{h}$. Er gibt an, wie viel Lohn für 1 h Arbeitszeit …

c) … proportionale Zuordnung … Gerade, die durch den Punkt (0 | 0) geht.

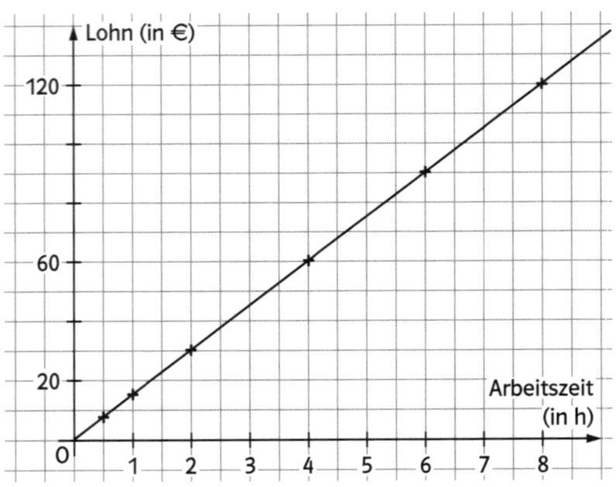


**Basiswissen | Gleichungen und Äquivalenzumformungen, Seite 7**

**1**

| | | |
|---|---|---|
| a) 2x + 3 | b) −12,5z + 2 | c) 12z + 8 |
| d) 5x − 3 | e) 20x − 12 | f) −16z + 8 |
| g) −6z − 14 | h) 13m + 2 | i) −5x + 22 |

**2**

a) $7 \cdot (1 - 2n)$ b) $15 \cdot (x - 1)$ c) $\frac{1}{4} \cdot (3 - x)$ d) $\frac{2}{5} \cdot (2x - 1)$

Tabelle 1

| Figuren | 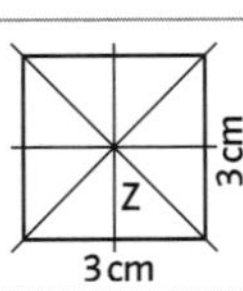 | 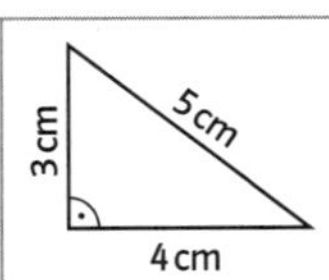 | 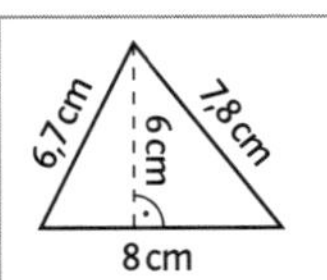 | 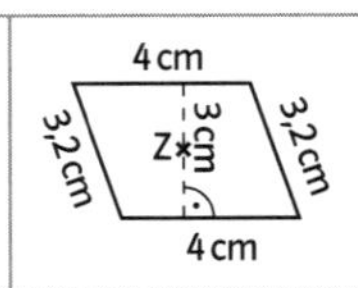 | 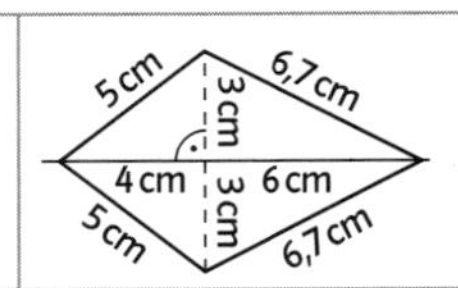 | 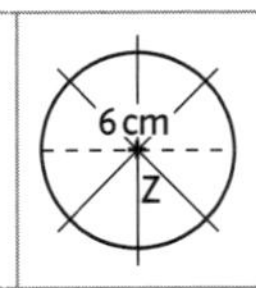 |
|---|---|---|---|---|---|---|
| Flächeninhalt | $9\,cm^2$ | $6\,cm^2$ | $24\,cm^2$ | $12\,cm^2$ | $30\,cm^2$ | $28{,}3\,cm^2$ |
| Umfang | 12 cm | 12 cm | 22,5 cm | 14,4 cm | 23,4 cm | 18,8 cm |
| Name der Figur | Quadrat | rechtw. Dreieck | Dreieck | Parallelogramm | Drachen | Kreis |

**3**
a) $3x = 3 - 2x$
$5x = 3$
$x = \frac{3}{5}$
Probe: (1) $3 \cdot \frac{3}{5} + 7 = \frac{9}{5} + \frac{35}{5} = \frac{44}{5}$
(2) $10 - 2 \cdot \frac{3}{5} = \frac{50}{5} - \frac{6}{5} = \frac{44}{5}$
b) $-5 + 5x = 0$
$5x = 5$
$x = 1$
Probe: (1) $-5 + 7 \cdot 1 = 2$
(2) $2 \cdot 1 = 2$
c) $2x - 6 = 5x$
$-6 = 3x$
$-2 = x$
Probe: (1) $2 \cdot (-2 - 3) = -10$
(2) $5 \cdot (-2) = -10$
d) $-\left(\frac{1}{3}\right)x = -15$
$x = 45$
Probe: (1) $12 - \frac{1}{3} \cdot 45 = 12 - 15 = -3$
(2) $-3$
e) $0{,}2x = 12$
$x = 60$
Probe: (1) $0{,}2 \cdot 60 - 4 = 12 - 4 = 8$
(2) 8
f) $7x - 15 - 6x = 7$
$x = 22$
Probe: (1) $7 \cdot 22 - 3 \cdot (5 + 2 \cdot 22) = 154 - 147 = 7$
(2) 7

**4**
gesucht: Zahl x
Rechnung: $8x - 12 = 4x + 8$; $4x = 20$; $x = 5$
Antwort: Die Zahl heißt 5.

**5**
gesucht: Alter Pia: $x - 4$; Alter Lotte: $x$; Alter Fabian: $2x$
Rechnung: $(x - 4) + x + 2x = 36$; $4x - 4 = 36$; $4x = 40$; $x = 10$
Antwort: Pia ist 6, Lotte ist 10 und Fabian ist 20 Jahre alt.

**Ausmultiplizieren und Ausklammern, Seite 8**

**1**
a) $2 \cdot (7x + 4) = 14x + 8$
b) $3xy - 12x^2 = 3x \cdot (y - 4x)$
c) $-5 \cdot (5xy + 4x) = -25xy - 20x$
d) $(2xy^2z - 2xy) \cdot 3x = 6x^2y^2z - 6x^2y$
e) $21x^3y - 12x^2y^2 + 9x^2yz = (7x^2y - 4xy^2 + 3xyz) \cdot 3x$

**2**
Distributivgesetz wird angewendet.

| Faktor | Term | Ergebnis |
|---|---|---|
| 4 | $4x - 8$ | $4(x - 2)$ |
| $2a$ | $6a - 4a^2$ | $2a(3 - 2a)$ |
| $-2$ | $8b + 12$ | $-2(-4b - 6)$ |
| $2x$ | $4xy - 10x$ | $2x(2y - 5)$ |

**3**

| Term | umgeformter Term |
|---|---|
| $8a - 12b$ | $4(2a - 3b)$ |
| $14xy - 77x^2y + 21xy^2$ | $7xy(2 - 11x + 3y)$ |
| $-7nm + 3m$ | $(-1)(7nm - 3m)$ |
| $18x^2y + 12xy$ | $6xy \cdot (3x + 2)$ |
| $1{,}5x - 4xy + 2x^2y^2$ | $\frac{1}{2}(3x - 8xy + 4x^2y^2)$ |

**4**
Produkt: $2 \cdot (2x \cdot \frac{1}{2}y + \frac{1}{2}y \cdot 6z + 2x \cdot 6z)$
Summe: $2xy + 24xz + 6yz$

**5**
Lösungswort: TERME

**6**
a) $\frac{6 \cdot (4x + y)}{6} = 4x + y$
b) $\frac{13 \cdot (-13y + x)}{13} = -13y + x$
c) $\frac{2 \cdot (x - 8y)}{2} = x - 8y$
d) $\frac{-11xy \cdot (11x - 6y)}{11} = -xy(11x - 6y)$

**Binomische Formeln (1), Seite 9**

**1**
$4x^2 + 4xy + y^2 = (2x + y)^2$
$9a^2 - 24ab + 16b^2 = (3a - 4b)^2$
$x^2 + 6bx + 9b^2 = (x + 3b)^2$
$25y^2 + 2{,}5xy + \frac{1}{16}x^2 = \left(5y + \frac{1}{4}x\right)^2$
$16x^2 - 16xy + 4y^2 = (4x - 2y)^2$

**2**
b)

| $\cdot$ | $2x$ | $3y$ |
|---|---|---|
| $2x$ | $4x^2$ | $6xy$ |
| $3y$ | $6xy$ | $9y^2$ |

c)

| $\cdot$ | $2x$ | $y$ |
|---|---|---|
| $2x$ | $4x^2$ | $2xy$ |
| $-y$ | $-2xy$ | $-y^2$ |

**3**
b) Statt $2x^2$ steht $4x^2$.
c) Statt $-a^2$ steht $+a^2$.
d) Statt $0{,}01y$ steht $0{,}0001y^2$.
e) Statt $49x$ steht 49.
f) Statt $-28y^2$ steht $-56xy$.
g) Statt $-126x$ steht $-144x$.
h) Statt $-12xy$ steht $-12xy^2$.
i) Statt $-8c^2$ steht $-16c^2$.
j) Statt $96xyz^2$ steht $-96xyz^2$.

**4**
a) $(40 + 3)^2 = 1600 + 240 + 9 = 1849$
b) $(80 - 1)^2 = 6400 - 160 + 1 = 6241$
c) $(40 + 2)(40 - 2) = 1600 - 4 = 1596$
d) $(60 - 3)(60 + 3) = 3600 - 9 = 3591$
e) $(90 + 1)^2 = 8100 + 180 + 1 = 8281$
f) $(80 + 1)(80 - 1) = 6400 - 1 = 6399$
g) $(20 - 8)(20 + 8) = 400 - 64 = 336$
h) $(40 - 1)^2 = 1600 - 80 + 1 = 1521$
i) $(4 - 0{,}2)(4 + 0{,}2) = 16 - 0{,}04 = 15{,}96$

## Binomische Formeln (2), Seite 10

**1**

a) $81x^2 - 18x + 1 = (9x - 1)^2$ b) $36 + 120 + 100 = (6 + 10)^2$
c) $9x^2 + 60x + 100 = (3x + 10)^2$ d) $100x^2 - 40x + 4 = (10x - 2)^2$
e) $4x^2 + 28x + 49 = (2x + 7)^2$ f) $x^2 - 16x + 64 = (x - 8)^2$

**2**

a) $(a - 2b)^2$ b) $(2x + 5)^2$
c) $(6n + 1)(6n - 1)$ d) $(30m + 80n)(30m - 80n)$
e) $(3b + c)^2$ f) $\left(x - \frac{1}{2}y\right)^2$
g) $(7 + b)(7 - b)$ h) $\left(\frac{1}{3}x + \frac{1}{2}\right)\left(\frac{1}{3}x - \frac{1}{2}\right)$
i) $(v + 9u)^2$

**3**

| Summe | a | b | Produkt |
|---|---|---|---|
| a) $4n^2 - 4nm + m^2$ | $2n$ | $m$ | $(2n - m)^2$ |
| b) $81x^2 + 36xy + 4y^2$ | $9x$ | $2y$ | $(9x + 2y)^2$ |
| c) $36x^2 - 12xy + y^2$ | $6x$ | $y$ | $(6x - y)^2$ |
| d) $25n^2 - 0{,}25m^2$ | $5n$ | $0{,}5m$ | $(5n + 0{,}5m)(5n - 0{,}5m)$ |
| e) $0{,}01n^2 + 0{,}2n + 1$ | $0{,}1n$ | $1$ | $(0{,}1n + 1)^2$ |
| f) $121 + 66x + 9x^2$ | $11$ | $3x$ | $(11 + 3x)^2$ |
| g) $225x^2 - 120xy + 16y^2$ | $15x$ | $4y$ | $(15x - 4y)^2$ |

**4**

a) $5 \cdot (4x^2 - 4x + 1) = 5 \cdot (2x - 1)^2$
b) $50 \cdot (a^2 - 4a + 4) = 50 \cdot (a - 2)^2$
c) $0{,}5 \cdot (36a^2 - 12ab + b^2) = 0{,}5 \cdot (6a - b)^2$
d) $2 \cdot (64x^2 - 49y^2) = 2 \cdot (8x + 7y)(8x - 7y)$

**5**

Folgende Terme lassen sich mithilfe der binomischen Formeln nicht faktorisieren:
$x^2 - 4xy + y^2$ (R) $100a^2 - 24ba + b^2$ (A)
$4a^2 - 17a + 72$ (F) $16x^2 - 10x + 1$ (F)
$81x^2 - 32x + 4$ (I) $x^2 + 6x + 1$ (N)
$49x^2 + 26x + 4$ (I) $18x^2 - 56x + 49$ (E)
$25x^2 - 70x + 64$ (R) $x^2 + 12x + 25$ (T)
Lösungswort: RAFFINIERT

## Gleichungen (1), Seite 11

**1**

b) $3(4x - 11) + 12 = 83 - 8(x + 3)$ | (ausmultiplizieren)
$12x - 33 + 12 = 83 - 8x - 24$ | (zusammenfassen)
$12x - 21 = 59 - 8x$ | $+ 8x + 21$
$20x = 80$ | $: 20$
$x = 4$; $L = \{4\}$
Die Probe ergibt auf beiden Seiten 27.
c) $2x(x + 5) = (x + 11)^2 - 12x$ | (Termumformung)
$2x^2 + 10x = x^2 + 22x + 121 - 12x$ | (zusammenfassen)
$2x^2 + 10x = x^2 + 10x + 121$ | $- x^2 - 10x$
$x^2 = 121$
$x = \pm 11$; $L = \{11; -11\}$
Die Probe mit $x = 11$ ergibt auf beiden Seiten 352.
Die Probe mit $x = -11$ ergibt auf beiden Seiten 132.
d) $(x - 7)(x + 5) = (x - 3)^2$ | Termumformung
| (ausmultiplizieren)
$x^2 + 5x - 7x - 35 = x^2 - 6x + 9$ | (zusammenfassen)
$x^2 - 2x - 35 = x^2 - 6x + 9$ | $x^2$ | $+ 6x$ | $+ 35$
$4x = 44$ | $: 4$
$x = 11$; $L = \{11\}$
Probe ergibt auf beiden Seiten 64

**2**

a) alte Seitenlänge: $x$; alte Breite: $x - 4$
neue Seitenlänge: $x + 4$; neue Breite: $x - 6$
ursprünglicher Flächeninhalt: $x(x - 4)$
neuer Flächeninhalt: $(x + 4)(x - 6)$
b) $x(x - 4) = (x + 4)(x - 6) + 2$
c) $x^2 - 4x = x^2 + 4x - 6x - 24 + 2$
$-4x = -2x - 22$
$2x = 22$; $x = 11$
d) Die Lösung ist mit Länge = 11 cm, Breite = 7 cm sinnvoll.
Die Probe ergibt $77 = 77$.

## Gleichungen (2), Seite 12

**1**

a) alte Seitenlängen: $a$; $a - 2$; $a + 2$
neue Seitenlängen: $a - 1$; $a - 3$; $a + 1$
Der ursprüngliche Oberflächeninhalt ist:
$2a(a - 2) + 2a(a + 2) + 2(a - 2)(a + 2) = 6a^2 - 8$
Der neue Oberflächeninhalt ist:
$2(a - 1)(a - 3) + 2(a - 1)(a + 1) + 2(a - 3)(a + 1) = 6a^2 - 12a - 2$
b) Der neue Oberflächeninhalt ist 36 cm² kleiner als der alte, d.h. die Gleichung lautet:
$6a^2 - 8 - 36 = 6a^2 - 12a - 2$
c) Das Auflösen der Gleichung ergibt $a = 3{,}5$.
Die alten Kantenlängen sind somit 3,5 cm; 1,5 cm und 5,5 m, die neuen Kantenlängen sind 2,5 cm; 0,5 cm und 4,5 cm.
d) Probe: $6 \cdot 3{,}5^2 - 8 - 36 = 29{,}5$ und
$6 \cdot 3{,}5^2 - 12 \cdot 3{,}5 - 2 = 29{,}5$

**2**

a) $b = 0$ oder $b = 3$; $L = \{0; 3\}$
b) $x = 0$ oder $x = 8$; $L = \{0; 8\}$
c) $1{,}5a - 2{,}5 = 0$ oder $-3{,}5 - 0{,}5a = 0$
$1{,}5a = 2{,}5$ $-0{,}5a = 3{,}5$
$a = \frac{5}{3}$ $a = -7$
$L = \left\{\frac{5}{3}; -7\right\}$
d) $y - 4 = 0$ oder $2 + 3y = 0$
$y = 4$ $y = -\frac{2}{3}$
$L = \left\{4; -\frac{2}{3}\right\}$
e) $\frac{1}{2}x - \frac{1}{4} = 0$ oder $3x - \frac{1}{6} = 0$
$\frac{1}{2}x = \frac{1}{4}$ $3x = \frac{1}{6}$
$x = \frac{1}{2}$ $x = \frac{1}{18}$
$L = \left\{\frac{1}{2}; \frac{1}{18}\right\}$
f) $x + 5 = 0$ oder $2{,}5 - 5x = 0$
$x = -5$ $-5x = -2{,}5$
$x = 0{,}5$
$L = \{-5; 0{,}5\}$

**3**

$4x^2 - 20x + 25 = 0$ ergibt $(2x - 5)^2 = 0$.
$4x = \frac{1}{2}x^2$ ergibt $x\left(4 - \frac{1}{2}x\right) = 0$.
$0{,}25a^2 + 4 + 2a = 0$ ergibt $(0{,}5a + 2)^2 = 0$
$8(x - 2{,}5) = 0$ ist schon eine Produktgleichung.
$y^2 - 64 = 0$ ergibt $(y + 8)(y - 8) = 0$
Die Gleichungen $x^2 - 16x + 70 = 0$ und $5x = 7x + 3$ können nicht als Produktgleichung geschrieben werden.
Das Lösungswort lautet: LAMPE.

**Umstellen von Formeln, Seite 13**

**1**
a) Folgende Aussagen kann man aus den Angaben der Formeln schließen:
- Mädchen werden im Durchschnitt immer kleiner als ihre Brüder.
- Jungen sind als Erwachsene immer größer als ihre Schwestern.
- Jungen sind manchmal kleiner als der Vater (z. B. wenn die Mutter viel kleiner als der Vater ist).

b) Tochter: $l_{Mä} = \frac{174\,cm + 187\,cm}{2} - 6{,}5\,cm = 174\,cm$

Sohn: $l_{Ju} = \frac{174\,cm + 187\,cm}{2} + 6{,}5\,cm = 187\,cm$

c) $l_{Ju} = \frac{l_{Va} + l_{Mu}}{2} + 6{,}5\,cm$

Auflösen der Gleichung nach $l_{Mu}$ ergibt:
$l_{Mu} = 2 \cdot (l_{Ju} - 6{,}5\,cm) - l_{Va} = 2(186\,cm - 6{,}5\,cm) - 187\,cm = 172\,cm$
Nach der Formel muss die Mutter 1,72 m groß sein.

**2**
a) $e = 14$; $f = 9$; $k = 21$
Es gilt $e + f = 23 = k + 2$.
b) Die Anzahl der Kanten des Körpers beträgt:
$k = e + f - 2 = 12 + 8 - 2 = 18$.
Der Körper könnte ein Sechseckprisma sein.

**3**
a) $G = \frac{P \cdot t}{h \cdot n} = \frac{132\,Watt \cdot 15\,s}{0{,}2\,m \cdot 22} = 450\,N$

b) $h = \frac{P \cdot t}{G \cdot n} = \frac{200\,Watt \cdot 15\,s}{450\,N \cdot 22} = 0{,}303\,m$

Die Treppenstufen müssten etwa 30,3 cm hoch sein.

**Aussagen und Beweise, Seite 14**

**1**
a) Wenn Sonntag ist, dann findet kein Unterricht statt.
b) Wenn der 24. Dezember ein Sonntag ist, dann ist die Adventszeit nur drei Wochen lang.
c) Wenn es zu viel regnet, dann tritt der See über die Ufer.

**2**
a) Voraussetzung: „mit zwei gleich großen Winkeln"
Wenn ein Dreieck zwei gleich große Winkel hat, dann ist es gleichschenklig.
b) Voraussetzung: „Zweistellige"
Wenn eine Primzahl zweistellig ist, dann ist sie ungerade.
c) Voraussetzung: „mit vier rechten Winkeln"
Wenn ein Viereck vier rechte Winkel hat, dann sind die Diagonalen gleich lang.
d) Voraussetzung: „Kongruente"
Wenn Dreiecke kongruent sind, dann haben sie den gleichen Flächeninhalt.

**3**
a) Wenn ein Dreieck gleichschenklig ist, dann hat es zwei gleich große Winkel. (wahr)
b) Wenn eine Primzahl ungerade ist, dann ist sie zweistellig. (falsch; Gegenbeispiele: 3, 5 und 7)
c) Wenn ein Viereck gleich lange Diagonalen hat, dann hat es vier rechte Winkel. (falsch; Gegenbeispiel: gleichschenkliges Trapez:

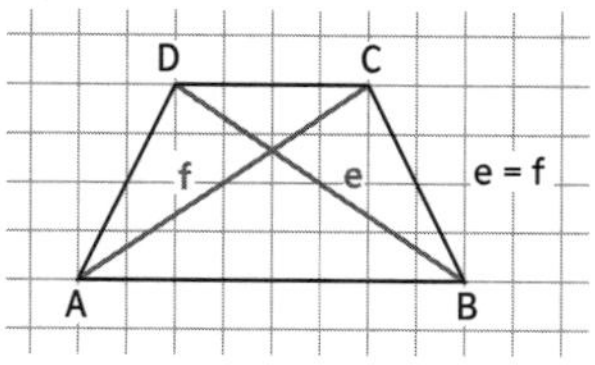


d) Wenn Dreiecke den gleichen Flächeninhalt haben, dann sind sie kongruent. (falsch; Gegenbeispiel: Dreiecke mit gleich langer Grundseite und zugehöriger Höhe, die verschiedene Winkel haben, zum Beispiel: Dreiecke mit gleicher Seite und zugehöriger Höhe)

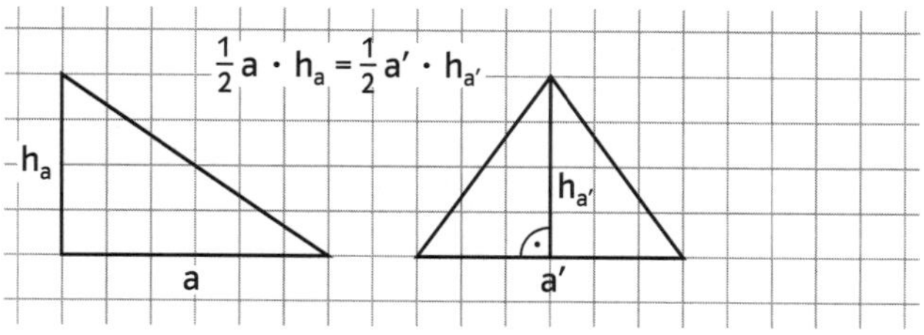


**Terme und Gleichungen | Merkzettel, Seite 15**

■ **Beispiele:** $y(3xy + 7x^2) - 2x^2y - 2xy^2$
$= 3xy^2 + 7x^2y - 2x^2y - 2xy^2$
$= 3xy^2 - 2xy^2 + 7x^2y - 2x^2y$
$= xy^2 + 5x^2y$

■ **Text:** Distributivgesetz
**Beispiele:** $-5y - 5x$ $\quad -2c + 2d$ $\quad 2x - x$
$3 \cdot y + 3 \cdot 5 + x \cdot y + x \cdot 5 = 3y + 15 + xy + 5x$
$2 \cdot (2x - 3 + 6y)$

■ **Text:** $a^2 - 2ab + b^2$
**Beispiele:** $36 - 24y + 4y^2$ $\quad 16x^2 + 24xy + 9y^2$
$z^2 - 4a^2$

■ **Text:** Äquivalenzumformungen
LS: $(-20 + 1)^2 - (-20)^2 - 1 + 4(-20) = -120$
RS: $-4(10 - (-20)) = -120$
**Beispiele:** $x^2 + 2x + 1 - x^2 - 1 + 4x = -40 + 4x$
$6x = -40 + 4x \quad | -4x$
$2x = -40 \quad | :2$
$x = -20$

■ **Beispiele:** $h = \frac{2A}{g}$

■ **Text:** Gegenbeispiel

**Die Kongruenzsätze wsw, sws und sss, Seite 16**

**1**
a) sws $\quad$ b) wsw $\quad$ c) sss $\quad$ d) wsw

**2**

a) sws

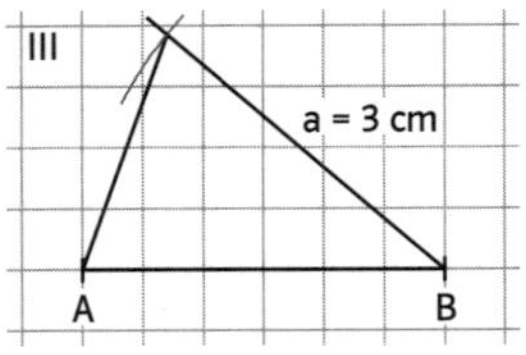


b) wsw, α = 40°

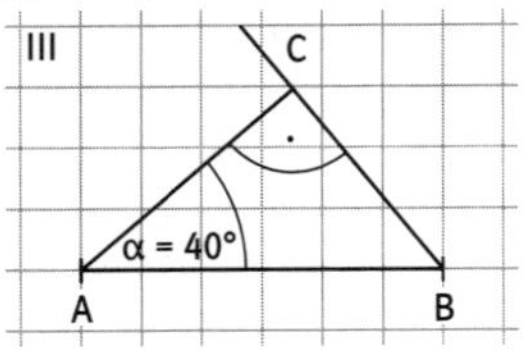


c) sss

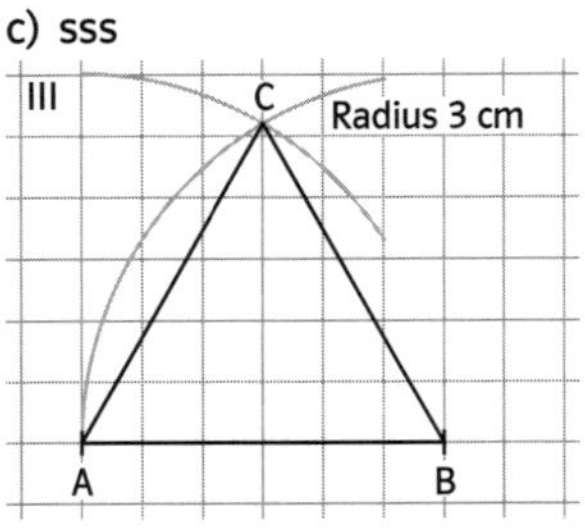


**3**

a) sws; b = 5,5 mm

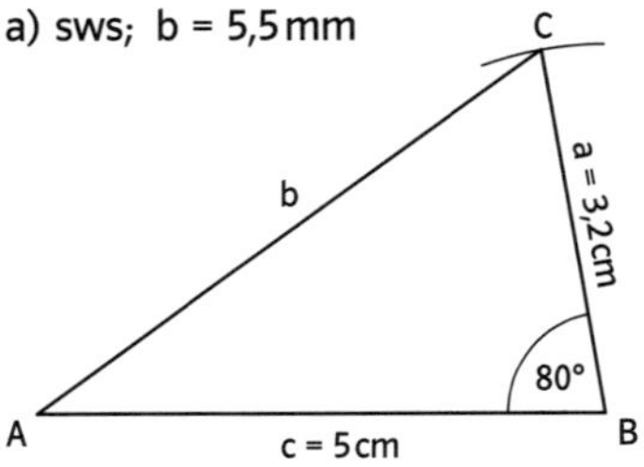


b) wsw; b = 5,9 mm

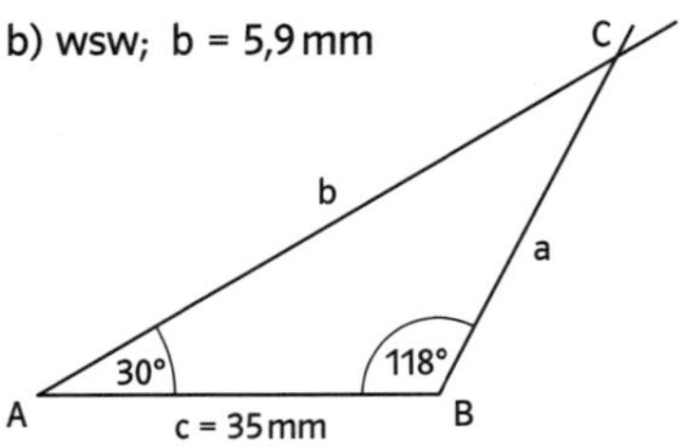


**Dreiecksungleichung und der Kongruenzsatz sss, Seite 17**

**1**

a) und b)

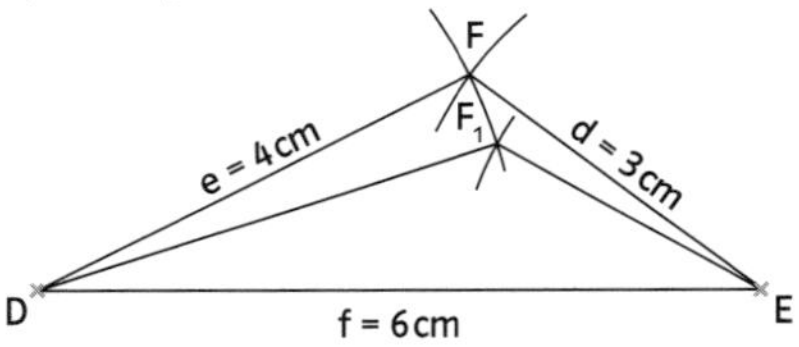


c) 2 cm d) d + e > f d + f > e e + f > d

**2**

siehe Tabelle 1

**3**

a)

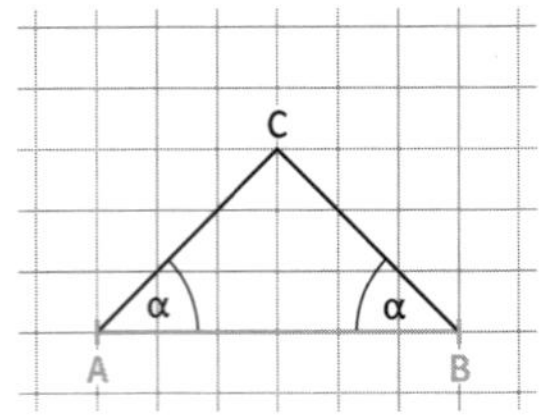


b)

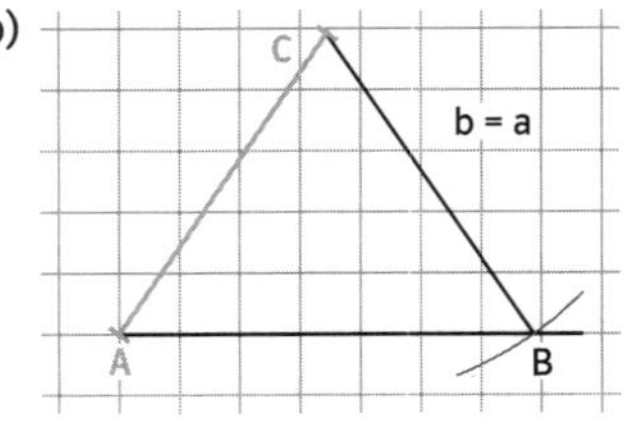


c)

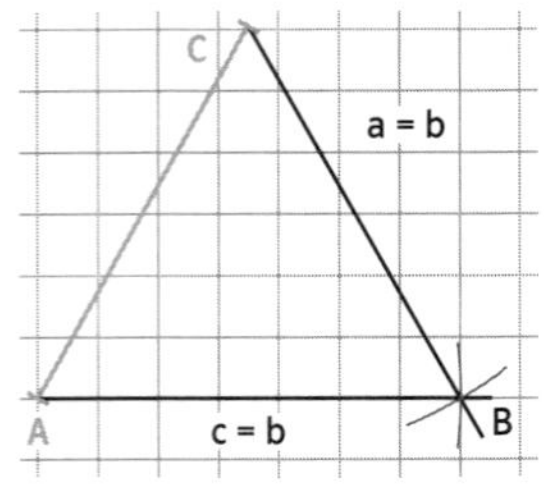


d)

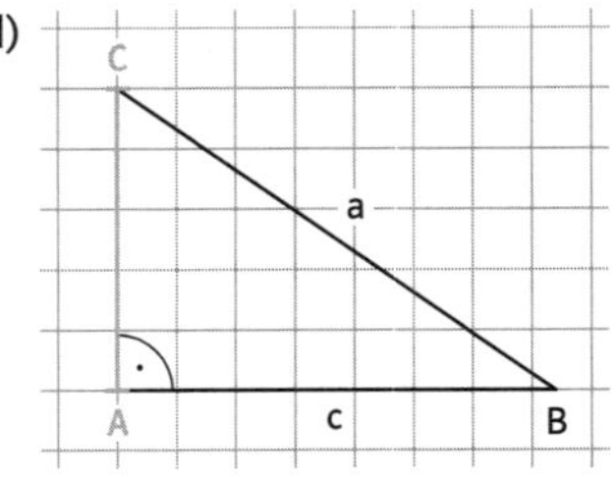


**Der Kongruenzsatz Ssw, Seite 18**

**1**

a)

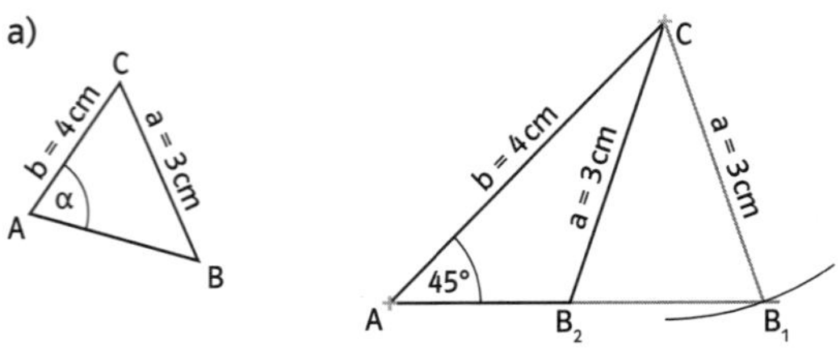


b)

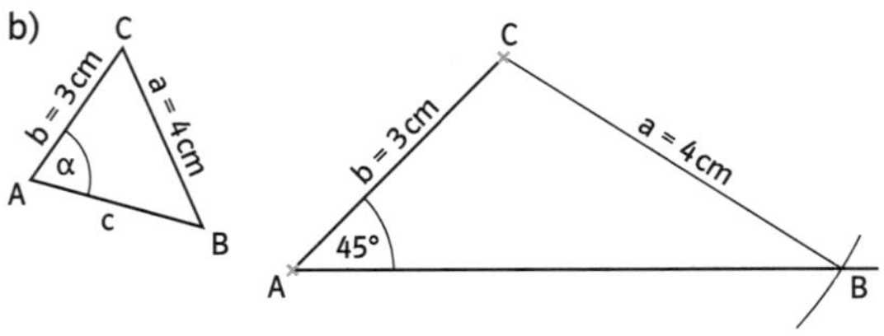


Dies zeigt dir, dass ein Dreieck nur eindeutig konstruierbar ist, wenn der gegebene Winkel der **größeren** Seite gegenüberliegt.

**2**

a) sws b) Ssw c) sss d) wsw

**3**

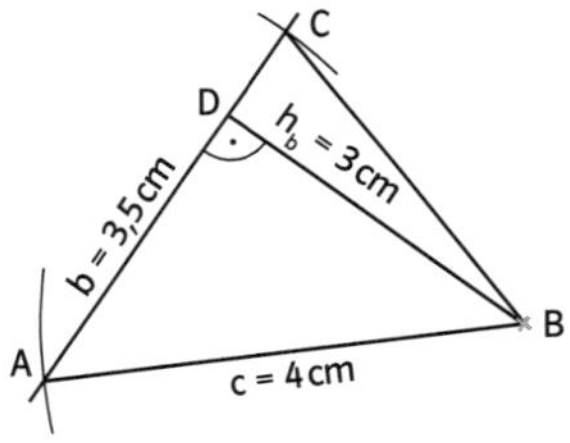


Das Teildreieck ABD lässt sich mit dem Kongruenzsatz Ssw konstruieren. Durch Verlängerung der Strecke $\overline{AD}$ erhältst du den Punkt C.

Tab. 1

| Größen | ja | Kongruenzsatz | nein | Begründung |
|---|---|---|---|---|
| a) c = 6,7 cm, α = 65°, β = 120° | ○ | | ⊗ | α + β > 180° |
| b) a = 35 mm, b = 5 cm, c = 2 cm | ⊗ | sss | ○ | |
| c) a = 5,3 cm, b = 4,2 cm, γ = 67° | ⊗ | sws | ○ | |
| d) a = 2 cm, b = 4 cm, c = 0,7 dm | ○ | | ⊗ | a + b < c |
| e) b = 4 cm, β = 52°, γ = 36° | ⊗ | wsw | ○ | Tipp: Der Winkel α muss bestimmt werden. |

## 4

1) Seite b zeichnen
2) Endpunkte mit A und C bezeichnen
3) Kreis um C mit dem Radius a
oder: Mittelpunkt $M_b$ der Seite b bestimmen
4) Mittelpunkt $M_b$ der Seite b bestimmen
oder: Kreis um $M_b$ mit dem Radius $s_b$
5) Kreis um $M_b$ mit dem Radius $s_b$
oder: Kreis um C mit dem Radius a
6) Schnittpunkt der Kreise ist B
7) Dreieck vervollständigen

### Konstruktion von Vierecken, Seite 19

## 1

b) sws
c) und d)

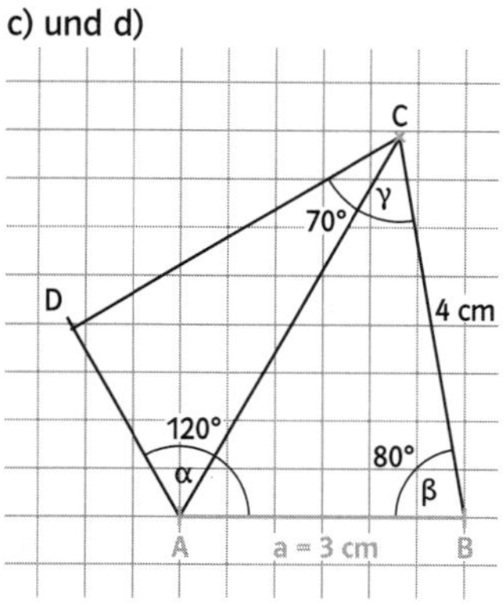


## 2

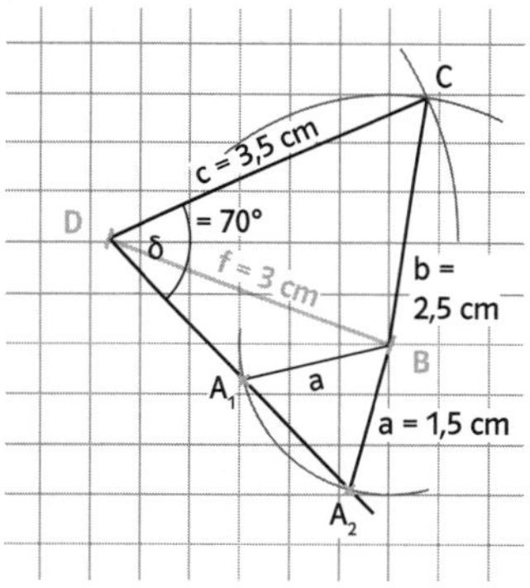


Das Dreieck BCD ist nach dem Kongruenzsatz sss eindeutig konstruierbar. Das Viereck ABCD ist aber nicht eindeutig konstruierbar, da bei der Konstruktion der Kreis um B mit Radius a = 1,5 cm den Schenkel von δ zweimal schneidet.

## 3

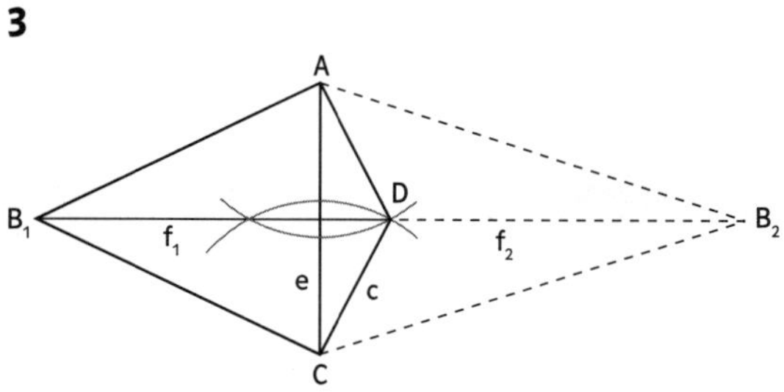


$\overline{AB_1} = 35\,mm$; $\overline{AB_2} = 50\,mm$

## 4

$\overline{AC} = 40\,mm$

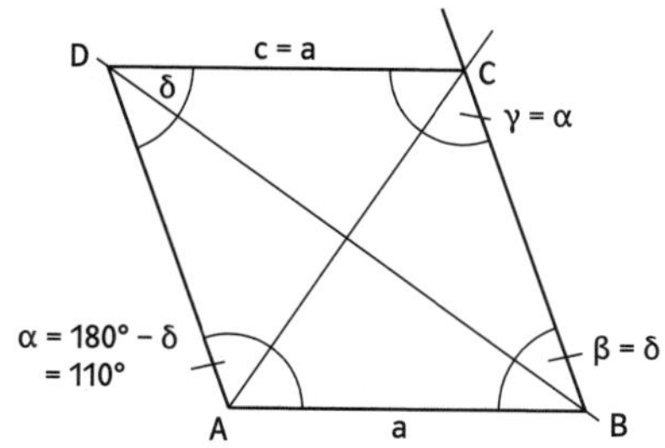


### Vierecke, Haus der Vierecke, Seite 20

## 1

b) Drachen: CDEI, DHIJ, HFEQ, ADQI, DFIL und JLCA
c) Parallelogramme: ABFG; IHDC; IQDL; und IJDE
d) Quadrate: ADFI und SPNK
Rauten: MTRO; DQIL
Trapeze: ABNK, ABPS, CDRT, CDOM, DEPN, DESK, JDQI, KDQS, NDEP, KDES, ADFG, CDFI, DFIJ, MPST, IMOH, IMOQ

## 2

a) und b)

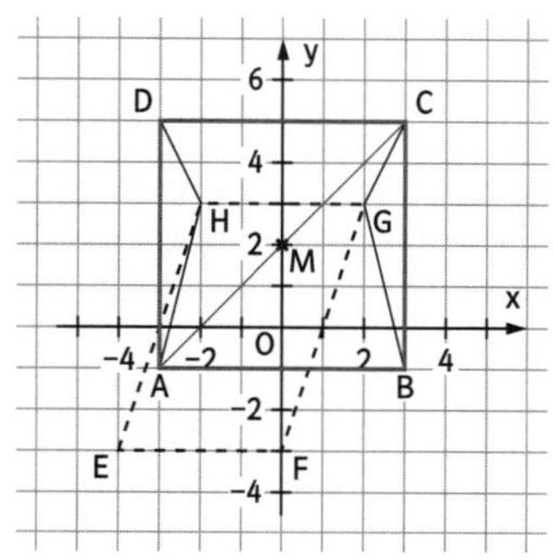


c) Es sind symmetrische Trapeze.
d) (allgemeines) Trapez

## 3

a) Quadrat b) Rechteck c) Raute d) Parallelogramm

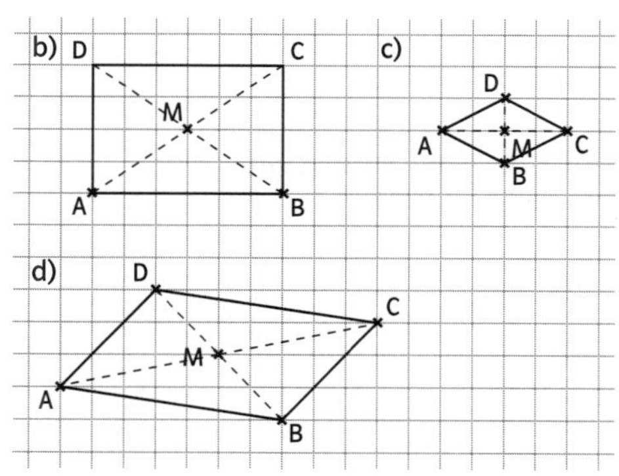


## 4

Das gilt jeweils für:
a) Parallelogramm
b) Drachen, symmetrisches Trapez
c) Quadrat, Raute, Rechteck, Parallelogramm
d) Quadrat, Drachen, Raute

**Kongruenzsätze | Merkzettel, Seite 21**

■ **Text:** Summe; c; b; a
**Beispiele:** c muss größer als 2 cm und kleiner als 10 cm sein.

■ **Text:** Seiten; sws; wsw; Ssw
**Beispiele:** wsw
sws Ssw

■ **Text:** drei **Beispiele:** 1,3 m

■ **Beispiele:** rechten sws $\overline{BD}$

■ **Text:** fünf
**Beispiele:**

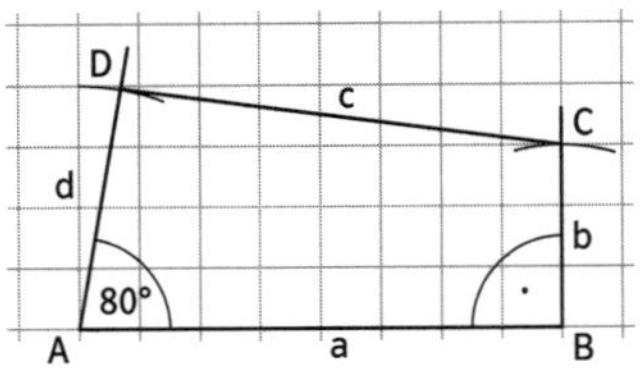


**Prozente und Zuordnungen, Seite 22**

**1**
a) 8 € b) 250 €
c) Die Zuordnung ist proportional, da sie durch eine Gerade durch den Ursprung dargestellt wird. Je mehr Geld angelegt wird, desto mehr Zinsen erhält man am Jahresende.
d)

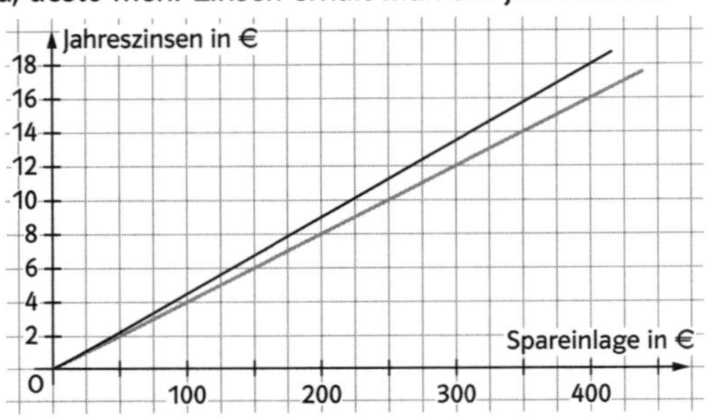


e) 9 €

**2**
a) 990 € b) 910,80 €; Preissenkung um 17,8 %
c) 960 € d) Gemütlich & Billig e) 1130,67 €

**3**
a) und b)

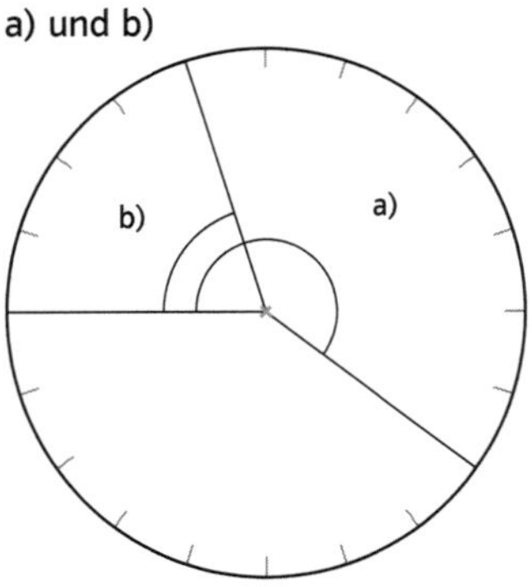


c) 20% d) 36

**Prozente und Zinsen, Seite 23**

**1**
a) 21 500 € — 100 %
215 € — 1 %
967,50 € — 4,5 %
b) 31,50 € Es fehlen 31,50 €.

**2**
a) 9 € b) 9 %
Der Zinssatz des Versandhauses ist höher. Er beträgt 9 %. Jutta sollte das Geld vom Sparbuch nehmen, sie spart damit 17,82 € (Aufpreis des Versandhandels minus die möglichen Zinsen des Sparbuchs).

**3**
Formel: $\frac{W}{p\%}$ Stefan hatte sein Konto um 2000 € überzogen.

**4**
a) 37,50 € b) 3 %
c) 1326,13 € gesamt 38,63 € mehr

**Tageszinsen und Zinseszinsen (1), Seite 24**

**1**
a) Zinsen im Jahr: 70 €; Zinsen im Halbjahr: 35 €; Zinsen im Vierteljahr: 17,50 €; Zinsen im Monat: 5,83 € (gerundet)
b) Zinsen im Jahr: 9,60 €; Zinsen im Halbjahr: 4,80 €; Zinsen im Vierteljahr: 2,40 €; Zinsen im Monat: 0,80 €

**2**
Falls er den Wagen sofort bezahlt, spart er 2 % von 17 800 €, das sind 356 €.
Wenn er den Betrag von 17 800 € zu 5 % verzinsen würde, so wäre dies ein Jahreszins von 890 €, anteilig für die 90 Tage ergäben sich Zinsen von 222,50 €.
Er spart mehr, wenn er sofort bezahlt.

**3**

| | a) | b) | c) |
|---|---|---|---|
| Guthaben in € | 200,00 € | 300,00 € | 800,00 € |
| Zinssatz | 1% | 2,5 % | 3% |
| Jahreszinsen in € | 2,00 € | 7,50 € | 24,00 € |
| Monatliche Zinsen in € | 0,17 € | 0,63 € | 2,00 € |

| | d) | e) | f) |
|---|---|---|---|
| Guthaben in € | 500,00 € | 700,00 € | 10 000 € |
| Zinssatz | 1,2 % | 13,4 % | 0,8 % |
| Jahreszinsen in € | 6,00 € | 93,80 € | 80 € |
| Monatliche Zinsen in € | 0,50 € | 7,82 € | 6,67 € |

**4**
In die Lücken werden der Reihe nach eingetragen: 3 (Monate); 50 (€); 200 (€); 2 500 (€); 0,08; 8 (%)

**5**
In die Lücken werden der Reihe nach eingetragen: 12 000 (€); 600 (€); 6 (Monate)

**6**
In die Lücken werden der Reihe nach eingetragen: 2 850 (€); 32 850 (€); 8,8 (%); Kreditbank; 210 (€)

## Tageszinsen und Zinseszinsen (2), Seite 25

**1**

| | im 1. Jahr | im 2. Jahr | im 3. Jahr |
|---|---|---|---|
| Schulden ohne Zinsen | 50 000 € | 52 500 Euro | 55 125 € |
| Zinsen | 2 500 Euro | 2 625 € | 2 756,25 € |
| Schulden mit Zinsen | 52 500 Euro | 55 125 € | 57 881,25 € |

| | im 4. Jahr | im 5. Jahr | nach 5 Jahren |
|---|---|---|---|
| Schulden ohne Zinsen | 57 881,25 € | 60 775,31 € | 63 814,08 € |
| Zinsen | 2 894,06 € | 3 038,77 € | — |
| Schulden mit Zinsen | 60 775,31 € | 63 814,08 € | — |

**2**

| | Kapital in € | Zinsen in € | Summe in € |
|---|---|---|---|
| 1 Jahr | 200,00 | 4,00 | 200,00 + 4,00 = 204,00 |
| 2 Jahre | 200,00 + 204,00 = 404,00 | 8,08 | 412,08 |
| 3 Jahre | 200 + 412,08 = 612,08 | 12,24 | 624,32 |
| 4 Jahre | 824,32 | 16,49 | 840,81 |

| | Kapital in € | Zinsen in € | Summe in € |
|---|---|---|---|
| 1 Jahr | 200,00 | 8,00 | 200,00 + 8,00 = 208,00 |
| 2 Jahre | 200,00 + 208,00 = 408,00 | 16,32 | 424,32 |
| 3 Jahre | 624,32 | 24,97 | 649,29 |
| 4 Jahre | 849,29 | 33,97 | 883,26 |

Oma Weitsichtig hat Recht. Der Enkel bekommt mehr als doppelt so viel Zinsen.

**3**

In die Lücken werden der Reihe nach eingetragen:
8 (Jahre); 500 (€); (Zinsfaktor) 1,035; 8 (-mal); $500\,€ \cdot 1{,}035^8$; 658,40 (€); 31,68 (%)

**4**

Gesamtkosten bei „Gut & Günstig":
$2600\,€ + 36 \cdot 185{,}10\,€ + 5200\,€ = 14\,463{,}60\,€$
Gesamtkosten bei „Reich & Reichlich":
Die Zinsen bei „Reich & Reichlich" sind 624 € im Jahr.
$13\,000\,€ + 3 \cdot 624\,€ = 14\,872\,€$
Für Herrn Schnell ist das Angebot „Gut & Günstig" besser, er spart 408,40 €.
Wenn er bei seiner Bank den Kredit in drei Jahresraten zurückzahlen will, sind das pro Jahr 4 957,33 €. Herr Schnell muss hierfür jeden Monat 413,11 € zurücklegen.

## Prozente und Zinsen | Merkzettel, Seite 26

■ **Text:** proportional; faktor
**Beispiele:** 450 € 50 € 70 % 50 %

■ **Text:** W; p%
**Beispiele:** $\frac{700}{35}$ $G = \frac{(700 \cdot 100)}{35} = 2000$

■ **Text:** p%; G
**Beispiele:** $\frac{500}{100}\,m = 5\,m$ $W = 275\,m$

■ **Text:** W; G
**Beispiele:** $\frac{100}{240}\,\%$ $p\,\% = 20\,\%$

■ **Text:** Prozentsatz; Prozentwert; Grundwert
30; 360
**Beispiele:** 10 € $500\,€ \cdot 1{,}02 = 510\,€$

■ **Text:** Jahres; Anteil
**Beispiele:** $10 \cdot \frac{30}{360} = 0{,}83\,€$ $500\,€ + 0{,}83\,€ = 500{,}83\,€$

■ **Text:** Zinsfaktor
**Beispiele:** 0,02 $1{,}02 \cdot 1{,}02 \cdot 1{,}02 \cdot 500\,€ = 530{,}60\,€$

## Üben und Wiederholen | Training 1, Seite 27

**1**

| Summe | a | b | 2ab | Produkt |
|---|---|---|---|---|
| $4n^2 - 4nm + m^2$ | $2n$ | $m$ | $4nm$ | $(2n - m)^2$ |
| $100x^2 - 80x + 16$ | $10x$ | $4$ | $80x$ | $(10x - 4)^2$ |
| $16x^2 + 56x + 49$ | $4x$ | $7$ | $56x$ | $(4x + 7)^2$ |
| $4x^2 + 4x + 1$ | $2x$ | $1$ | $4x$ | $(2x + 1)^2$ |
| $81x^2 - 144x + 64$ | $9x$ | $8$ | $144x$ | $(9x - 8)^2$ |
| $9x^2 + 60x + 100$ | $3x$ | $10$ | $60x$ | $(3x + 10)^2$ |
| $4x^2 - 4x + 1$ | $2x$ | $1$ | $4x$ | $(2x - 1)^2$ |

**2**

a) $(z - 7)^2$ b) $(x + 2y)(x - 2y)$
c) $(2a + 1{,}5b)(2a - 1{,}5b)$ d) $(0{,}5x + 1{,}1y)(0{,}5x - 1{,}1y)$
e) $\left(\frac{1}{4}x + \frac{3}{5}y\right)\left(\frac{1}{4}x - \frac{3}{5}y\right)$

**3**

b) $x = 3$ c) $x = 4$ d) $x = -9$ e) $x = 1$ f) $x = 1{,}5$

**4**

Kongruenzsatz sws

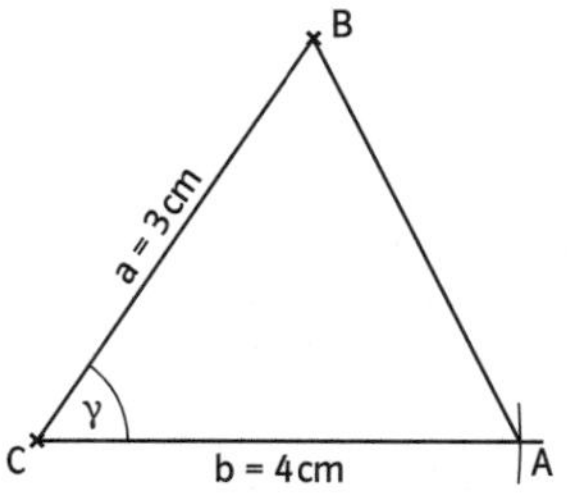


**5**

Basiswinkel: 70°

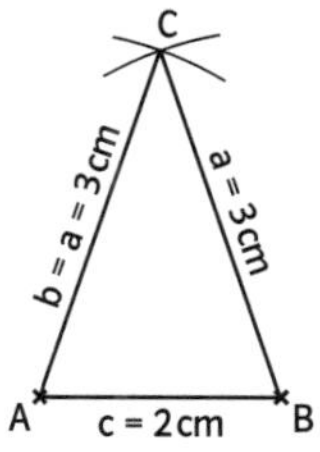

**6**

a) 7,5%; b) 3%; c) 24,00€ d) 240,00€ e) 580,00€

**7**

Gegeben sind $p\% = 4{,}75\%$; $Z = 1995€$ und außerdem das Gesamtkapital aus dem Hausverkauf $K_{ges} = 200\,000€$.
Gesucht sind zunächst das angelegte Kapital K und dann die Differenz $K_{ges} - K$.

Berechnung von K: $Z = \frac{K \cdot p}{100}$, also $K = \frac{Z \cdot 100}{p}$

Somit ist $K = \frac{1995€ \cdot 100}{4{,}75} = 42\,000€$

Für den Kauf einer kleinen Wohnung bleiben ihr somit $200\,000€ - 42\,000€ = 158\,000€$ übrig.

**Eindeutige Zuordnungen – Funktionen, Seite 28**

**1**

Lösungswort: Hamburg

**2**

a) Uhrzeit → Temperatur

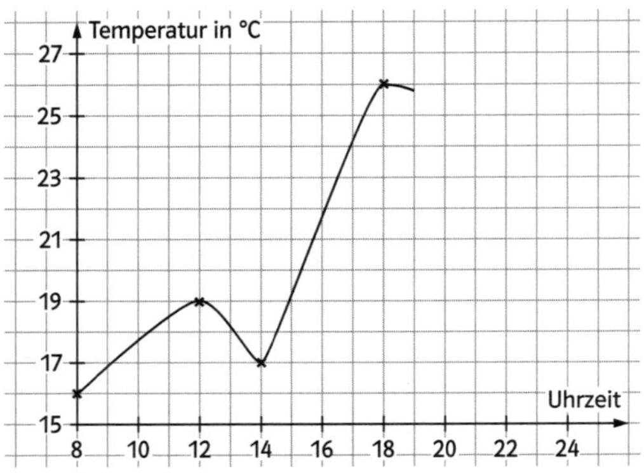


Dies ist ein möglicher Graph. Sein Verlauf könnte auch anders sein.

b) …, weil jeder Uhrzeit immer genau eine Temperatur …

c) … ist nicht funktional, denn der Temperatur 17 °C sind 14 Uhr und etwa 9 Uhr zugeordnet.

**3**

a) ja b) nein c) ja
d) ja e) nein f) nein

**4**

a) Schüler → Vater (oder Klasse, Nachname)
Blatt Papier (oder Seitenlänge eines Quadrats) → Flächeninhalt
b) Schüler → unterrichtende/r Lehrer/in (oder Sitznachbar/in, Zeugnisnote)
Eckenzahl eines Vielecks (oder Rechteckbreite, Länge der Dreiecksgrundseite) → Flächeninhalt

**Funktionsgleichungen, Seite 29**

**1**

a) $y = 13x + 2$ b) $y = 1{,}6x$

c) $y = x^2 - 2$ d) $y = \frac{1}{x+3}$

**2**

f: $y = 8x + \frac{1}{4}$ d: $y = \frac{2}{x} - 2$

a: $y = \frac{x}{2} - 2$ e: $y = 4 + \frac{1}{8x}$

b: $y = 5 - 3x^2$ c: $y = (5 - 3x)^2$

**3**

a) (2): $f(x) = \frac{1}{x+2} - 3$ (3): $g(x) = 2x$

(1): $h(x) = (x+2)^2 - 3$ (4): $k(x) = -x - 3$

b) $k(3) = -6$ $h(-5) = 6$ $f(-2{,}5) = -5$

**4**

a) Es gilt $a(3) = -1$ $b(3) = -1$ $c(3) = -9$
$d(3) = -1$.
Somit liegt $P(3\,|\,-1)$ auf den Graphen der Funktionen a; b und d, aber nicht auf dem der Funktion c.

b)

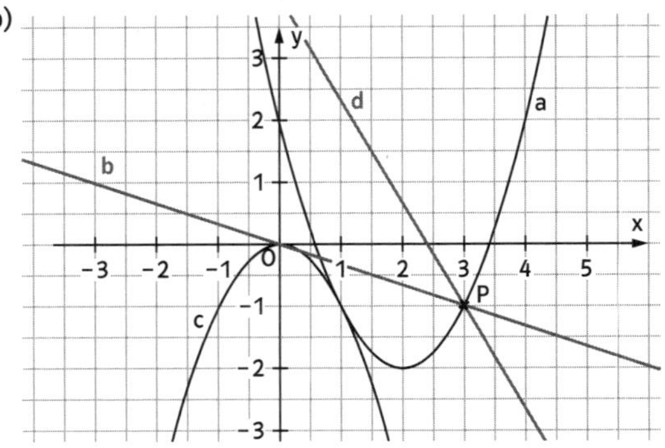


**Lineare Funktionen (1), Seite 30**

**1**

| Eingabegröße | Ausgabegröße | prop. | lin. |
|---|---|---|---|
| Seemeilen | Kilometer | × | |
| °Celsius | °Fahrenheit | | × |
| Drahtlänge | Drahtgewicht | × | |
| Länge des Kabels auf einer Kabeltrommel | Gesamtgewicht der Kabeltrommel | | × |

**2**

a) $g(x) = -\frac{2}{3}x + 3$

b) $h(x) = -\frac{2}{3}x - 4$; $k(x) = -\frac{2}{3}x + 6$

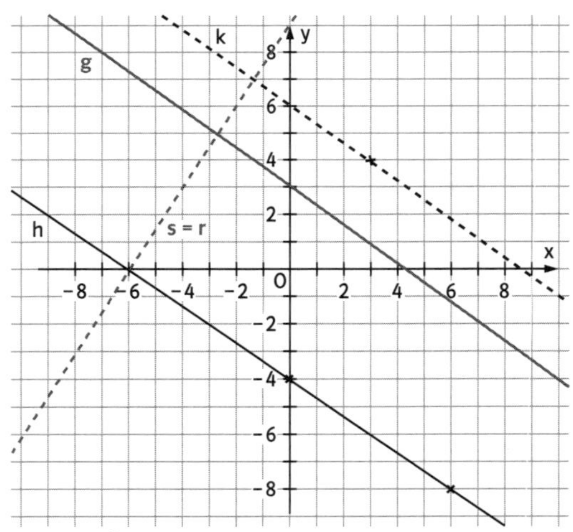


c) $s(x) = \frac{3}{2}x + 9$

d) Da die Geraden k und h parallel zueinander sind, fällt die Senkrechte r mit s zusammen.
$r(x) = \frac{3}{2}x + 9$

**3**

a) $y = x + 4$ b) $y = -\frac{3}{14}x - 2{,}5$

c) $y = -0{,}5x + 2$ d) $y = 1{,}5x - 5$

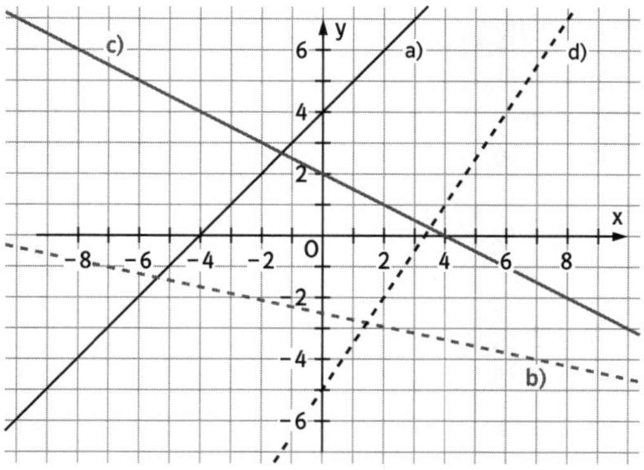


**4**

a) $y = 1{,}5x + 4{,}5$ b) $y = 150x + 540$

c) $y = 0{,}099x + 9{,}99$ d) $y = 132 + 0{,}0458x$

Die restlichen Funktionsgleichungen passen zu keinem der Texte.

**Lineare Funktionen (2), Seite 31**

**1**

Grundgebühr: 60 € pro Tag; pro gefahrenem Kilometer: 0,20 €

a) $y = 0{,}2x + 60$

b)

| Strecke in km | 0 | 100 | 250 | 300 | 400 |
|---|---|---|---|---|---|
| Kosten in € | 60 | 80 | 110 | 120 | 140 |

c)

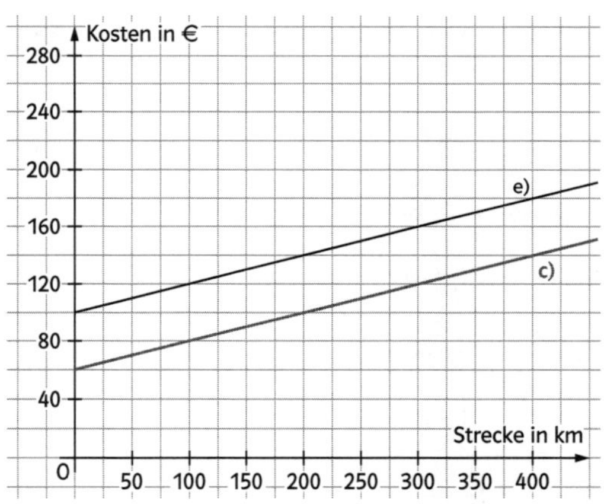


d) 114 €

e) 40 € pro Tag; $y = 0{,}2x + 100$

f)

| Strecke in km | 0 | 100 | 200 | 350 | 400 |
|---|---|---|---|---|---|
| Kosten in € | 100 | 120 | 140 | 170 | 180 |

g) Gerade e) im Schaubild

h) Der Graph der neuen Funktion ist ein um 40 in y-Richtung verschobener Graph der alten Funktion.

i) Leihkosten für 135 km betragen 127 €.

j) Umzug mit Anhänger ist die schlechtere Alternative.

k) Leon fährt 135 km weniger, damit spart er 16,2 l Diesel. Das entspricht einer Ersparnis von 16,2 l · 1,35 €/l = 21,87 €.

l) bessere Alternative

m) schlechtere Alternative

n) bessere Alternative

**Geradengleichungen, Seite 32**

**1**

a) $b = 5$; $y = -x + 5$

b) $m = \frac{3-4}{-4-1{,}5} = \frac{-1}{-5{,}5} = \frac{2}{11}$;

$4 = \frac{2}{11} \cdot 1{,}5 + b$; $b = \frac{41}{11}$ $y = \frac{2}{11}x + \frac{41}{11}$

c) $m = \frac{4}{5}$; $b = -\frac{6}{5}$; $y = \frac{4}{5}x - \frac{6}{5}$

d) $m = -\frac{40}{13}$; $b = \frac{74}{13}$; $y = -\frac{40}{13}x + \frac{74}{13}$

**2**

| x | −2 | −1 | 0 | 1 | 3 | 4 |
|---|---|---|---|---|---|---|
| f(x) | 7 | 5 | 3 | 1 | −3 | −5 |

a: $x \to -2 \cdot x + 3$

| x | −3 | −1 | 0 | 1 | 4 | 4,5 |
|---|---|---|---|---|---|---|
| f(x) | −19 | −5 | 2 | 9 | 30 | 33,5 |

b: $x \to 7x + 2$

| x | −5 | −3 | 0 | 1 | 2 | 6 |
|---|---|---|---|---|---|---|
| f(x) | −7 | −5,8 | −4 | −3,4 | −2,8 | −0,4 |

c: $x \to 0{,}6 \cdot x - 4$

| x | −4 | −2 | −1 | 0 | 1 | 4 |
|---|---|---|---|---|---|---|
| f(x) | $-3\frac{2}{3}$ | $-4\frac{1}{3}$ | $-4\frac{2}{3}$ | −5 | $-5\frac{1}{3}$ | $-6\frac{1}{3}$ |

d: x → [illegible]x · ]

**3**

A: $y = -\frac{1}{2}x + \frac{1}{2}$ B: $y = 1{,}5x + 2{,}5$

C: $y = -2{,}5x + 6{,}5$ D: $y = \frac{3}{4}x - 0{,}75$

E: $y = 0{,}5x - 0{,}5$ F: $y = \frac{1}{6}x - 1{,}5$

G: $y = -x - 1$ H: $y = -2x - 6$

**4**

a) 0,6 · 16 000 l = 9600 l

b) In einer Minute laufen $\frac{6000}{15}$ = 400 l Wasser ab.

c) $f(x) = -400x + 9600$

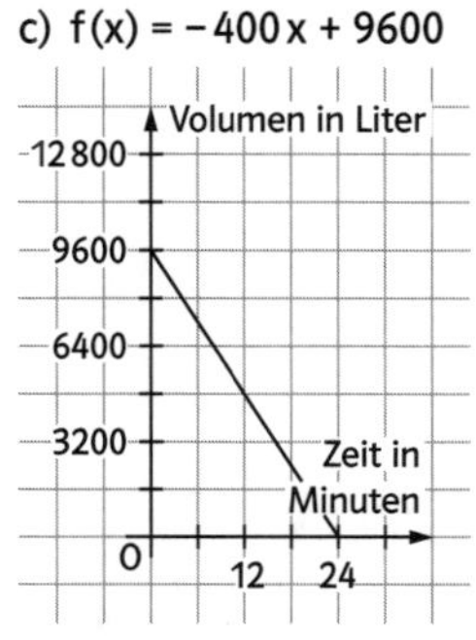


d) 3600 l e) 8 Minuten f) 24 Minuten

**Lineare Gleichungen, Seite 33**

**1**

a) $x = -2$

b) $-\frac{1}{4}x + 1{,}5 = 2{,}5 \quad | -1{,}5$

$-\frac{1}{4}x = 1 \quad | \cdot (-4)$

$x = -4$

c) $\frac{3}{5}x + 6 = 9 \quad | -6$

$\frac{3}{5}x = 3 \quad | \cdot \frac{5}{3}$

$x = 5$

d) $-1{,}5x - 5 = -8 \quad | +5$

$-1{,}5x = -3 \quad | : (-1{,}5)$

$x = 2$

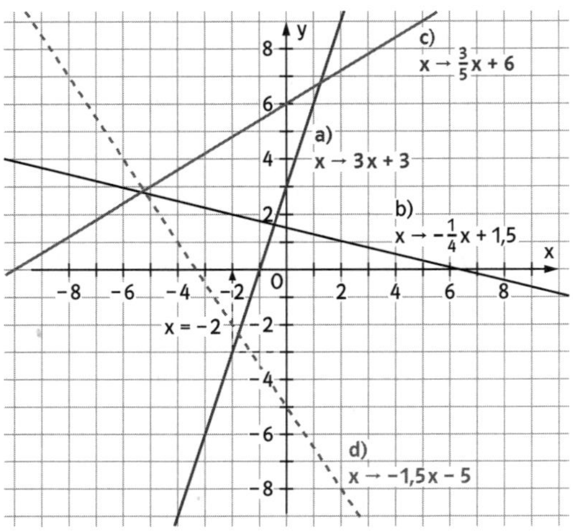


**2**

a) $x = -1$

b) $-\frac{1}{4}x + 1{,}5 = 0 \quad | -1{,}5$

$-\frac{1}{4}x = -1{,}5 \quad | \cdot (-4)$

$x = 6$

c) $\frac{3}{5}x + 6 = 0 \quad | -6$

$\frac{3}{5}x = -6 \quad | \cdot \frac{5}{3}$

$x = -10$

d) $-1{,}5x - 5 = 0 \quad | +5$

$-1{,}5x = 5 \quad | : (-1{,}5)$

$x = -3\frac{1}{3}$

**3**

| x | −2 | −1 | 0 | 3 | $\frac{5}{7}$ | 7 |
|---|---|---|---|---|---|---|
| y | 19 | 12 | 5 | −16 | 0 | −44 |

a: $y = -7x + 5$

| x | −3 | −0,2 | 0 | 2 | 4 | 6 |
|---|---|---|---|---|---|---|
| y | −9,8 | 0 | 0,7 | 7,7 | 14,7 | 21,7 |

b: $y = 3{,}5x + 0{,}7$

**4**

a)

(1) $y = 2x + 8$; Nullstelle bei $x = -4$

(2) $y = \frac{3}{5}x - 0{,}4$; Nullstelle bei $x = \frac{2}{3}$

(3) $y = -0{,}8x + 5{,}2$; Nullstelle bei $x = 6{,}5$

b) Der Schnittpunkt von (1) und (2) liegt bei $(-6\,|\,-4)$, von (1) und (3) bei $(-1\,|\,6)$ und von (2) und (3) bei $(4\,|\,2)$.

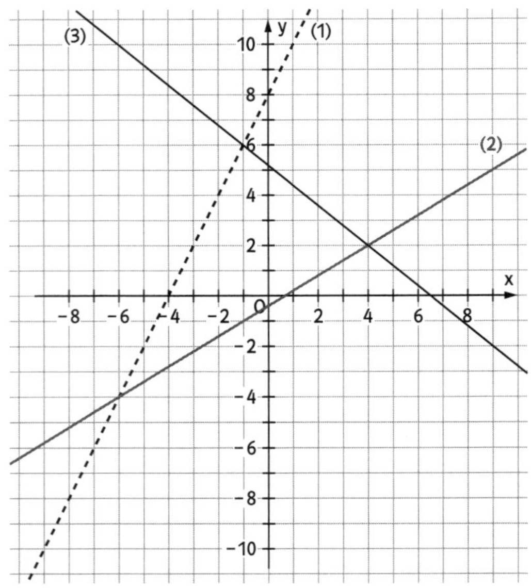


**Lineare Ungleichungen, Seite 34**

**1**

a) $L = \{x \mid x \geqq -1{,}5\}$ b) $L = \{x \mid x \leqq -2{,}5\}$ c) $L = \{x \mid x > 0{,}5\}$

**2**

a) $5 > x + 4 \quad | -4$

$1 > x$

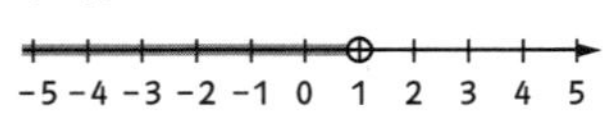


b) $-4x \leqq 116 \quad | :(-4)$

$x \geqq 29$

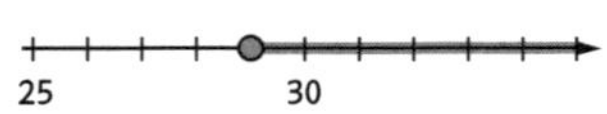


c) $x + 7 < 1 \quad | -7$

$x < -6$

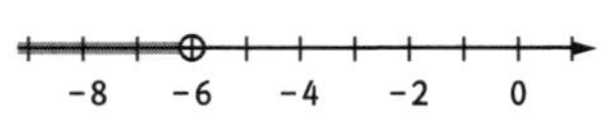


d) $5x - 6 \leqq 8x - 6 \quad | +6$

$5x \leqq 8x \quad | -5x$

$0 \leqq 3x \quad | :3$

$0 \leqq x$

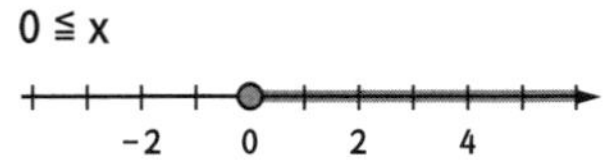


e) $x + 8 > 3x - 6 \quad | +6$

$x - 14 > 3x \quad | -x$

$-14 > 2x \quad | :2$

$-7 > x$

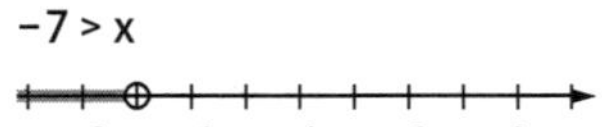


f) $-4x + 14 \geqq -6 \quad | -14$

$-4x \geqq -20 \quad | :(-4)$

$x \leqq 5$

**3**

a) $L = \{x \mid x < -1\}$

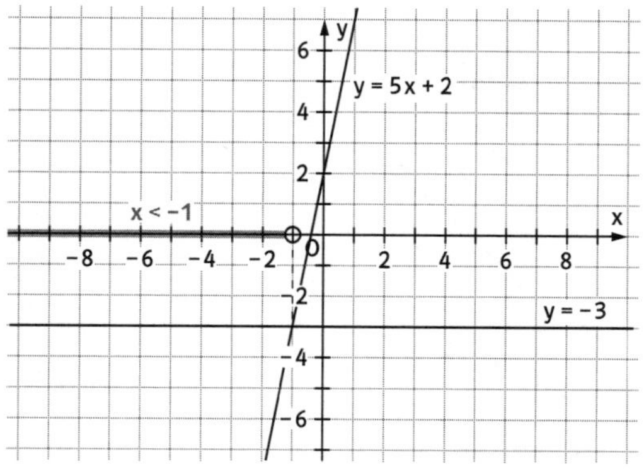


b) $L = \{x \mid x < 1{,}5\}$

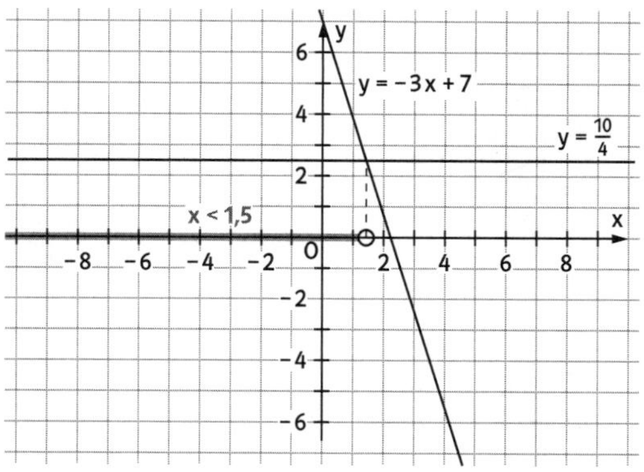


**4**

a) Der Term für die zu x parallele Seite lautet $x - 20$; für die beiden anderen Seiten jeweils $x - 20{,}5$.
Umfang des Trapezes: $x + x - 20 + 2 \cdot (x - 20{,}5) = 4x - 61$
Ungleichung: $4x - 61 \leqq 86$; $4x \leqq 147$; $x \leqq 36{,}75$
Die Lösungsmenge ist $L = \{x \mid x \leqq 36{,}75\}$. Die Grundseite darf also höchstens 36,75 m lang sein.
b) $4x - 61 \geqq 64$; $L = \{x \mid x \geqq 31{,}25\}$. Die Grundseite muss mindestens 31,25 m lang sein.

## Nichtlineare Funktionen, Seite 35

**1**

a) C b) D c) A d) E e) B f) F

**2**

Die Körper B, D, F, H und I sind Prismen. Die Prismen B, F, H und I sind Vierecksprismen, davon B ein Quader und F ein Würfel; D ist ein Dreiecksprisma.

**3**

siehe Figur 1

**4**

a) lineare (genauer: konstante) Funktion
b) proportionale Funktion
c) nicht lineare Funktion
d) lineare Funktion
e) antiproportionale Funktion

## Lineare Funktionen und lineare Gleichungen | Merkzettel, Seite 36

■ **Text:** genau; Parallele **Beispiele:** Ja; Nein

■ **Text:** Term
**Beispiele:** $f(3) = 0{,}5 \cdot 3 + 2 = 3{,}5$

■ **Text:** y; Steigung; senkrecht
**Beispiele:**

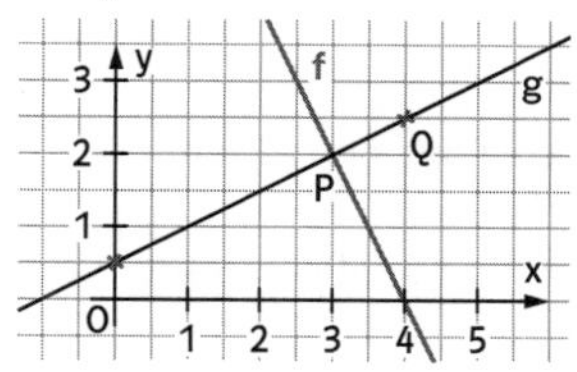


P(3 | 2); Q(4 | 2,5)
$\frac{2{,}5 - 2}{4 - 3} = 0{,}5$
$2 - 0{,}5 \cdot 3 = 0{,}5$
$-\frac{1}{-2}$ $0{,}5 \cdot (-2)$

■ **Text:** Schnittpunkt; Funktionswert; x-Achse

**Beispiele:**

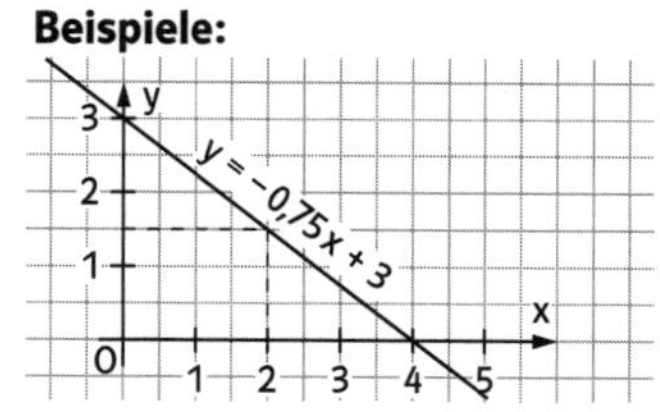


x = 2

■ **Text:** kleiner; Relationszeichen
**Beispiele:** $-8x > -32 \quad | : (-8)$ $x < 4$ $L = \{x \mid x < 4\}$

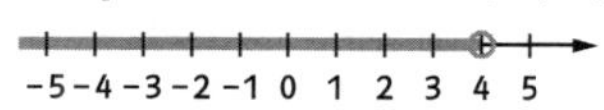

## Kreis und Gerade, Seite 37

**1**

a)

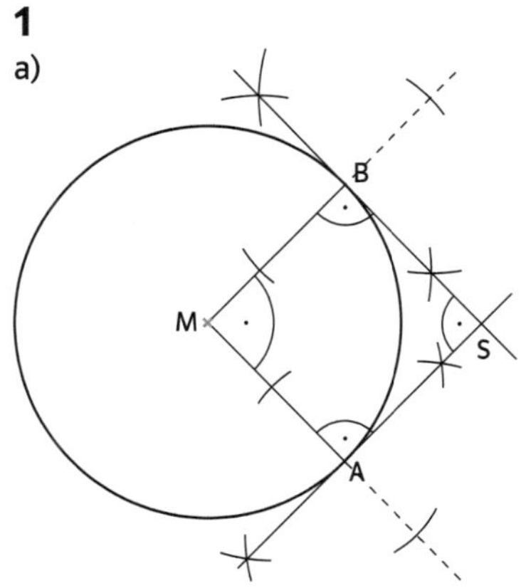


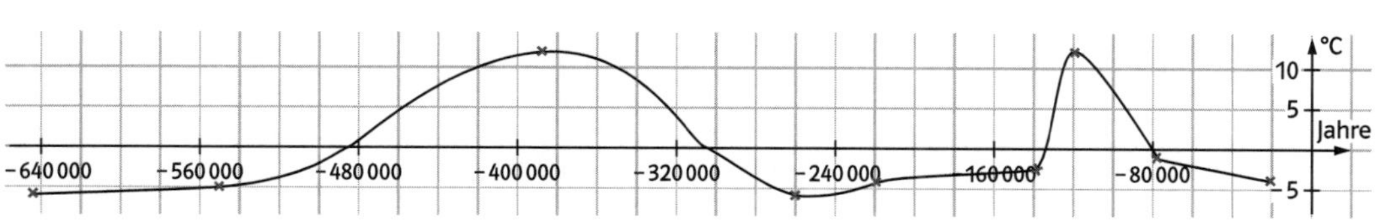


Figur 1

b) ∢ AMB beträgt 90°. Der Winkel zwischen Radius r und Tangente beträgt ebenfalls 90°. Der Winkel zwischen den Tangenten ist ebenfalls 90° groß (Winkelsumme im Viereck). Somit sind $\overline{AS}$ und $\overline{BS}$ parallel und gleich lang wie r.

**2**

a)

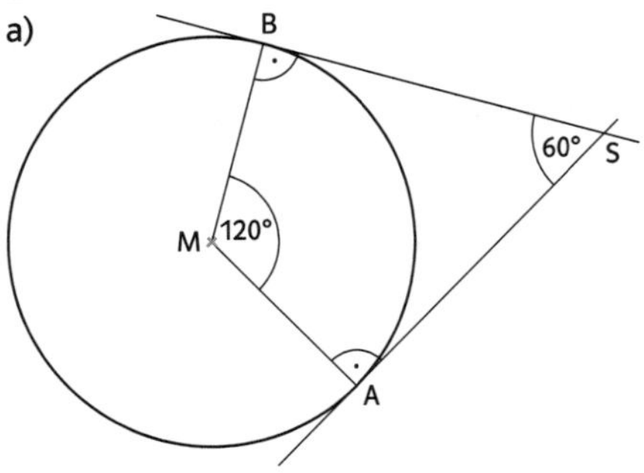


b) 100°

c) 130°

**3**

a) immer; Drache

b) höchstens einmal

c) zwei

d) mehrere

e) eine

f) Mittelpunkt des Kreises

**4**

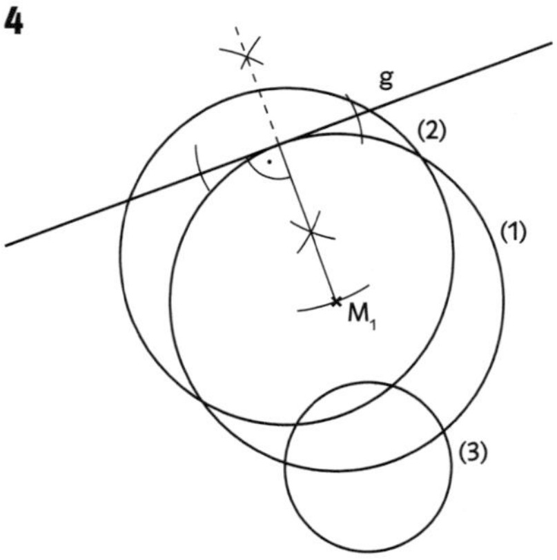


(1) g ist Tangente, (2) g ist Sekante, (3) g ist Passante.

**5**

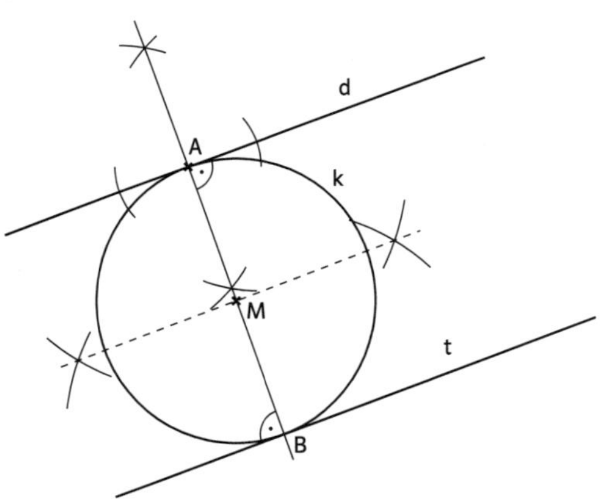


**Der Satz des Thales, Seite 38**

**1**

a)

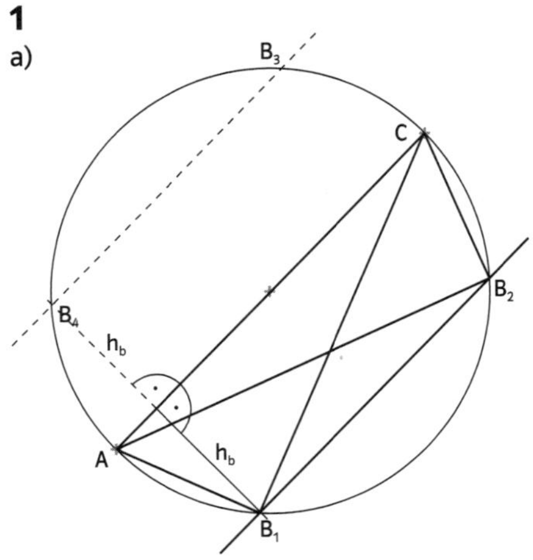


b)

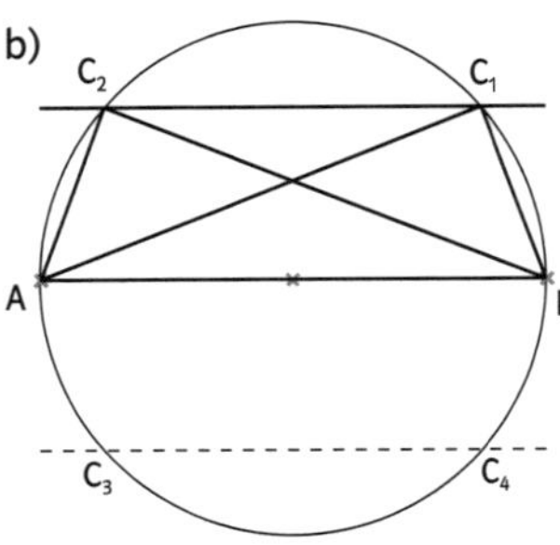


c) Linke Spalte: b 6; b 3; a 5; a 4; a 6; b 1
Rechte Spalte: b 4; b 2; a 3; a 2; b 5; a 1

**2**

a) β = 25°; γ = 65°

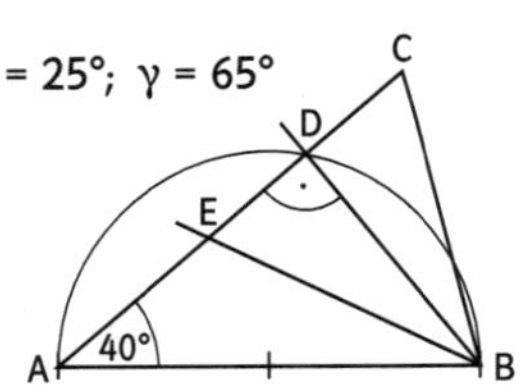


b) α = 65°

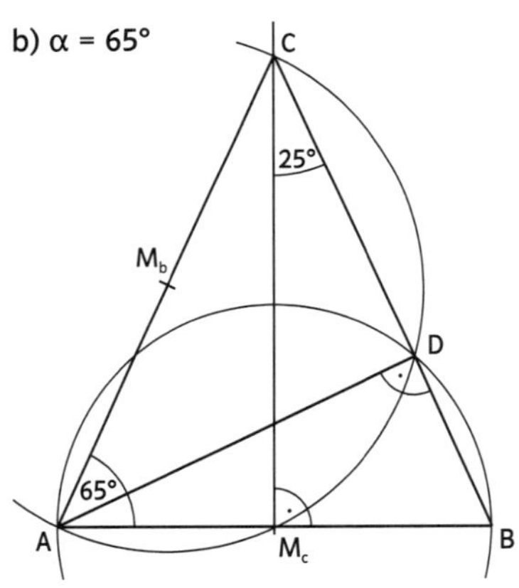


**Umfang eines Kreises, Seite 39**

**1**

a) 28,26 cm

b) 3,14 · 3 cm = 9,42 cm

c) 3,14 · 1,5 m = 4,71 m

**2**

b) 94 mm c) 126 mm d) 157 mm

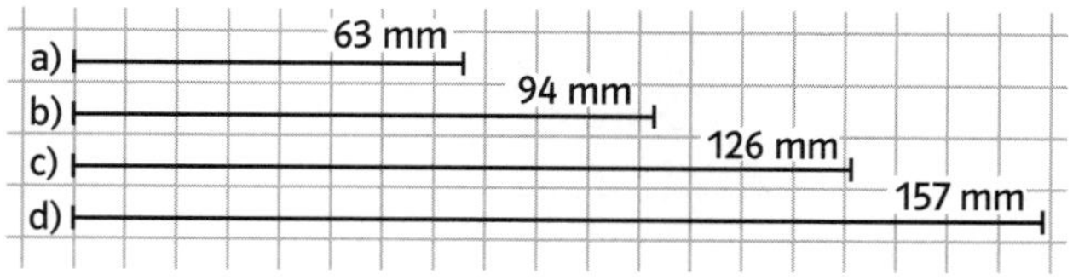


**3**

Der Durchmesser der Pizza ist ungefähr 31,85 cm.
Die Jumbo Pizza hat einen Umfang von ungefähr 1,13 m.

**4**

Der Durchmesser der Erde beträgt ungefähr 12 738 853,5 m.
Die Länge des Seils ist 40 000 001 m, daraus ergibt sich ein Durchmesser von ungefähr 12 738 853,8 m.
Antwort: Der Abstand des Seils vom Boden beträgt ca. 15 cm.

### Flächeninhalt eines Kreises, Seite 40

**1**

| | a) | b) | c) |
|---|---|---|---|
| Radius | 5 m | 4 km | 0,5 m |
| Durchmesser | 10 m | 8 km | 1 m |
| Flächeninhalt | 78,50 $m^2$ | 50,24 $km^2$ | 0,79 $m^2$ |

**2**

Gemessener Durchmesser ca. 19 mm (Radius: 8,5 mm)
Der Flächeninhalt beträgt ca. 2,3 $cm^2$.

**3**

Der Flächeninhalt beträgt etwa 200 $cm^2$.

**4**

Kleine Pizza: 23,55 $cm^2$ pro Krone
Große Pizza: 31,40 $cm^2$ pro Krone

**5**

Die große Springform ist etwa doppelt so groß wie die kleine, die Mengen können also verdoppelt werden.

**6**

Die Differenz der Flächeninhalte beträgt ungefähr 100 $mm^2$.

### Kreisausschnitt und Kreisbogen, Seite 41

**1**

a) $b = 6{,}98\,cm$ $A = \frac{80°}{360°} \cdot \pi \cdot (5\,cm)^2 = 17{,}45\,cm^2$

b) $b = \frac{63°}{360°} \cdot 2 \cdot \pi \cdot 3{,}5\,cm = 3{,}85\,cm$

$A = \frac{63°}{360°} \cdot \pi \cdot (3{,}5\,cm)^2 = 6{,}73\,cm^2$

c) $b = \frac{40°}{360°} \cdot 2 \cdot \pi \cdot 2{,}5\,cm = 1{,}75\,cm$

$A = \frac{40°}{360°} \cdot \pi \cdot (2{,}5\,cm)^2 = 2{,}18\,cm^2$

**2**

| | a) | b) | c) | d) | e) |
|---|---|---|---|---|---|
| Mittelpunktswinkel α | 60° | 75° | 200° | 150° | 110° |
| Radius r | 4 cm | 7 m | 106 dm | 40 mm | 3,12 km |
| Durchmesser d | 8 cm | 14 m | 212 dm | 80 mm | 6,24 km |
| Bogenlänge b | 4,19 cm | 9,16 m | 370 dm | 104,72 mm | 6 km |
| Flächeninhalt A | 8,38 $cm^2$ | 32,07 $m^2$ | 196,11 $m^2$ | 2094,4 $mm^2$ | 9,34 $km^2$ |
| Umfang U | 25,13 cm | 43,98 m | 666 dm | 251,33 mm | 19,6 km |

**3**

a) $\alpha = 35{,}81°$ $A = \frac{35{,}81°}{360°} \cdot \pi \cdot (8\,cm)^2 = 20\,cm^2$

b) $\alpha = \frac{10\,dm^2 \cdot 360°}{\pi \cdot (6{,}5\,dm)^2} = 27{,}12°$

$b = \frac{27{,}12°}{360°} \cdot 2 \cdot \pi \cdot 6{,}5\,dm = 3{,}08\,dm$

c) $\alpha = \frac{9\,m \cdot 360°}{2 \cdot \pi \cdot 3\,m} = 85{,}94°$

$A = \frac{85{,}94°}{360°} \cdot \pi \cdot (3\,m)^2 = 6{,}75\,m^2$

**4**

Umfang: $\frac{180°}{360°} \cdot 2 \cdot \pi \cdot 2\,cm + 2\,cm + 4\,cm + 6\,cm = 18{,}28\,cm$

Flächeninhalt: $\frac{1}{2} \cdot 6\,cm \cdot 8\,cm - \frac{180°}{360°} \cdot \pi \cdot (2\,cm)^2 = 17{,}72\,cm^2$

### Kreis | Merkzettel, Seite 42

■ **Text:** b; c; a; Tangente
**Beispiele:** c ist Tangente, da sie mit dem Radius des Kreises einen Winkel von 90° einschließt.

■ **Text:** Spiegle
**Beispiele:**

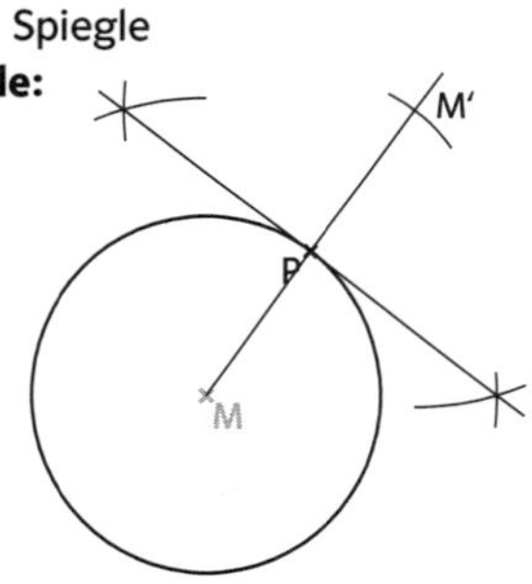


■ **Text:** Thaleskreis; rechter Winkel; Umkehrung; Winkels
**Beispiele:** Dreieck ABQ' ist rechtwinklig

■ **Text:** Radius; Kreiszahl; Durchmesser
**Beispiele:** r = 3 cm; A = 28,27 $cm^2$; U = 18,85 cm

| | r = 2 cm<br>d = 4 cm | r = 5 cm<br>d = 10 cm | r = 1 m<br>d = 2 m |
|---|---|---|---|
| Fläche A | 12,57 $cm^2$ | 78,54 $cm^2$ | 3,14 $m^2$ |
| Umfang U | 12,57 cm | 31,42 cm | 6,28 m |

■ **Text:** Mittelpunktswinkel
**Beispiele:** A = 19,78 $cm^2$; b = 13,19 cm

**Prismen und ihre Eigenschaften (1), Seite 43**

**1**
Die Körper A, D, G und H sind gerade Prismen.

**2**
a)

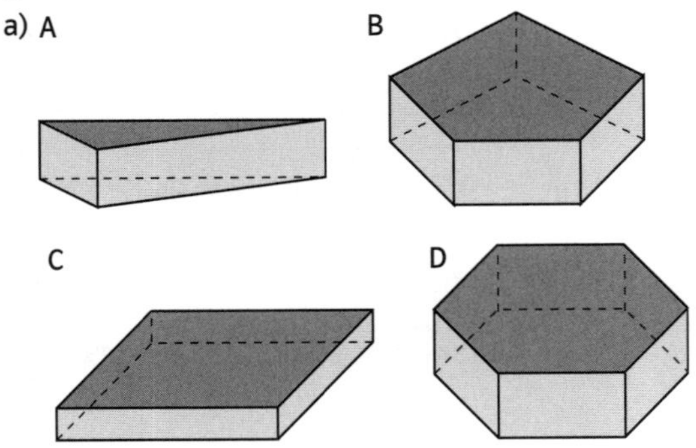


b)

| Körper | Grundfläche | Name des Prismas | Anzahl der | | |
|---|---|---|---|---|---|
| | | | Ecken | Kanten | Flächen |
| A | Dreieck | Dreiecksprisma | 6 | 9 | 5 |
| B | Fünfeck | Fünfecksprisma | 10 | 15 | 7 |
| C | Viereck | Vierecksprisma | 8 | 12 | 6 |
| D | Sechseck | Sechsecksprisma | 12 | 18 | 8 |

c) In der Reihenfolge werden eingefügt: $2n$; $3n$; $n + 2$.

**3**
Die Prismen A, C und E sind in zwei Prismen zerlegt worden.

**4**
Es entsteht ein Dreiecksprisma, dessen Grund- bzw. Deckfläche ein rechtwinkliges Dreieck ist, und ein Vierecksprisma, dessen Grund- bzw. Deckfläche ein Parallelogramm ist. (siehe Figur 1)

**Prismen und ihre Eigenschaften (2), Seite 44**

**1**
a) $A_{Dach} = 2 \cdot 1{,}50\,m \cdot 2\,m = 6\,m^2$
b) Kosten Dach: $6\,m^2 \cdot 29{,}75\,€/m^2 = 178{,}50\,€$
c) $A_{Rechteck} = 2\,m \cdot 1{,}1\,m = 2{,}2\,m^2$
$A_{Fünfeck} = 1{,}8\,m \cdot 1{,}1\,m + \frac{1}{2} \cdot 1{,}8\,m \cdot 1{,}2\,m = 3{,}06\,m^2$
$A_{Rand} = 2 \cdot (A_{Rechteck} + A_{Fünfeck}) = 2 \cdot (2{,}2 + 3{,}06)\,m^2 = 10{,}52\,m^2$
d)

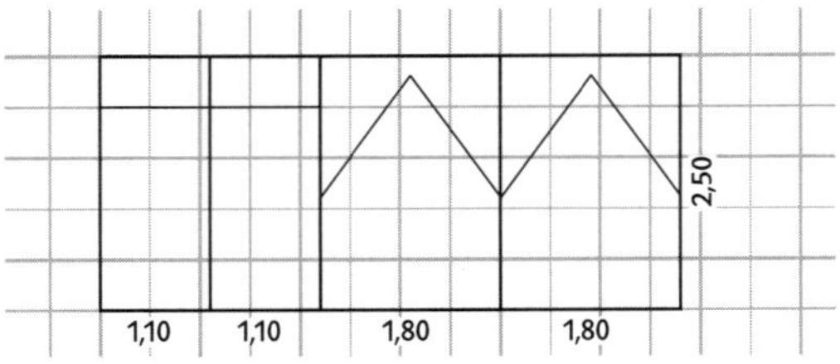


e) Fläche $= 2{,}50\,m \cdot (2 \cdot 1{,}10\,m + 2 \cdot 1{,}80\,m) = 14{,}50\,m^2$
Preis: $14{,}50\,m^2 \cdot 15\,€/m^2 = 217{,}50\,€$

**2**

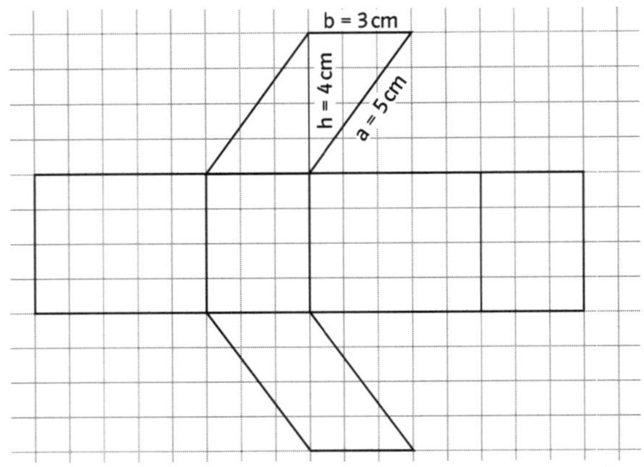


$O = 2 \cdot 3\,cm \cdot 4\,cm + 4\,cm \cdot (2 \cdot 5\,cm + 2 \cdot 3\,cm) = 88\,cm^2$

**3**

| | Umfang | Höhe Prisma | Grundfläche | Mantelfläche | Oberfläche |
|---|---|---|---|---|---|
| a) | 18 m | 3 m | 20 m² | 54 m² | 94 m² |
| b) | 100 cm | 14 cm | 600 cm² | 1400 cm² | 2600 cm² |
| c) | 30 dm | 19 dm | 43,30 dm² | 570 dm² | 656,6 dm² |
| d) | 29,9 cm | 11 cm | 54,25 cm² | 328,9 cm² | 437,40 cm² |

**Volumen und Oberflächeninhalt von Prismen, Seite 45**

**1**
a) $G = 1{,}5\,cm^2$ $\quad V = 3\,cm^2$
b) $G = 1{,}5\,cm^2$; $M = 12\,cm^2$; $O = 15\,cm^2$

**2**
a) $O = 2 \cdot (3 \cdot 6 + 3 \cdot 5 + 6 \cdot 5)\,cm^2 = 126\,cm^2$
$V = 3\,cm \cdot 5\,cm \cdot 6\,cm = 90\,cm^3$
b) $O = 2 \cdot \frac{1}{2} \cdot 4 \cdot 3{,}46\,cm^2 + 3 \cdot 4\,cm \cdot 5\,cm = 73{,}84\,cm^2$
$V = \frac{1}{2} \cdot 4\,cm \cdot 3{,}46\,cm \cdot 5\,cm = 34{,}6\,cm^3$
c) $O = 2 \cdot \frac{1}{2} \cdot (5\,cm + 3\,cm) \cdot 2\,cm + 5\,cm \cdot (5\,cm + 2\,cm + 3\,cm + 2{,}83\,cm) = 80{,}15\,cm^2$
$V = 8\,cm^2 \cdot 5\,cm = 40\,cm^3$

**3**
a) $G = 850\,cm^2$ $\quad V = 102\,000\,cm^3 = 102\,dm^3$
$O = 17\,540\,cm^2 = 175{,}40\,dm^2$
b) $G = 900\,cm^2$ $\quad V = 108\,000\,cm^3 = 108\,dm^3$
$O = 18\,120\,cm^2 = 181{,}20\,dm^2$

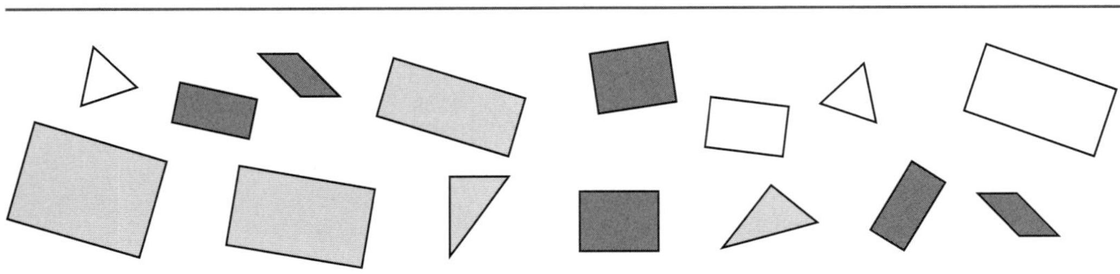

Figur 1

**4**

a) und b)

| Körper A | Körper B | Körper C |
|---|---|---|
| | | $G = 16{,}5\,cm^2$ |
| $V_A = 540\,cm^3$ | $V_B = 125\,cm^3$ | $V_C = 132\,cm^3$ |
| $O_A = 432\,cm^2$ | $O_B = 150\,cm^2$ | $O_C = 153\,cm^2$ |

c) $V_{weißes\ Wachs} = 125\,l$ $\quad V_{farbiges\ Wachs} = 7{,}5\,l$

### Aus Prismen zusammengesetzte Körper, Seite 46

**1**

a)

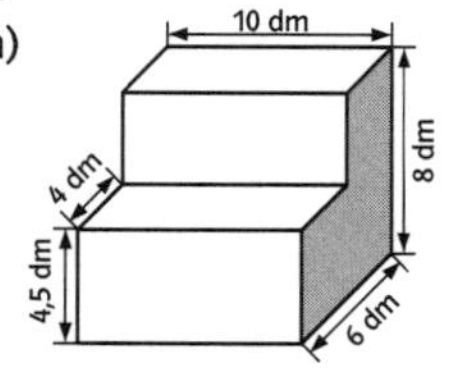


b)

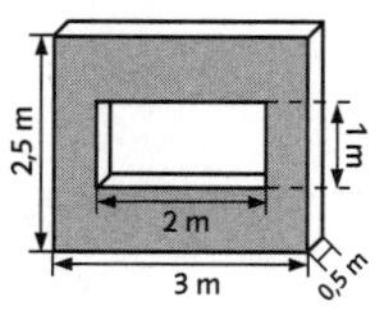


a) $G = 6\,dm \cdot 4{,}5\,dm + 2\,dm \cdot 3{,}5\,dm = 34\,dm^2$
$V = 340\,dm^3$
b) $G = 3\,m \cdot 2{,}5\,m - 1\,m \cdot 2\,m = 5{,}5\,m^2$
$V = 2{,}75\,m^3$

**2**

A: $G = 10{,}5\,m \cdot 15\,m - 4{,}5\,m \cdot 3{,}5\,m = 141{,}75\,m^2$
$V = G \cdot 3\,m = 425{,}25\,m^3$

B: $G = 10\,m \cdot 3\,m + \frac{1}{2} \cdot 10\,m \cdot 4\,m = 50\,m^2$

$V = G \cdot 8{,}5\,m = 425\,m^3$

C: Die Vorderfront des Hauses lässt sich in folgende Flächen zerlegen: 2 Rechtecke (3 m auf 9 m und 1 m auf 4,5 m) sowie 2 gleiche Dreiecke (4,5 m Seitenlänge und 3,8 m Höhe).
$G = 9\,m \cdot 3\,m + 1\,m \cdot 4{,}5\,m + 3{,}8\,m \cdot 4{,}5 = 48{,}6\,m^2$
$V = G \cdot 9{,}5\,m = 461{,}7\,m^3$

**3**

a) $A_{Krugboden} = 10\,cm \cdot 10\,cm - 4 \cdot \frac{1}{2} \cdot 3\,cm \cdot 3\,cm = 82\,cm^2$

oder: $8 \cdot \frac{1}{2} \cdot 4\,cm \cdot 5\,cm = 80\,cm^2$

$V_{Getränk\ im\ Krug} = 82\,cm^2 \cdot 19\,cm = 1558\,cm^3$

oder: $80\,cm^2 \cdot 19\,cm = 1520\,cm^3$

$V_{Getränk\ pro\ Glas} = 1558\,cm^3 : 8 = 194{,}75\,cm^3$

oder: $1520\,cm^3 : 8 = 190\,cm^3$

$A_{Glasboden} = 5{,}8\,cm \cdot 5{,}8\,cm - 4 \cdot \frac{1}{2} \cdot 1{,}7\,cm \cdot 1{,}7\,cm = 27{,}86\,cm^2$

oder: $8 \cdot \frac{1}{2} \cdot 2{,}4\,cm \cdot 2{,}9\,cm = 27{,}84\,cm^2$

Höhe h des Getränks im Glas:

$h = 194{,}75\,cm^3 : 27{,}86\,cm^2 \approx 7{,}09\,cm$.

Das Getränk steht ungefähr 7 cm hoch im Glas.

b) $V_{Eiskugel} = 1400\,ml : 20 = 70\,cm^3$

$V_{Eis\ und\ Getränk} = 2 \cdot 70\,ml + 195\,ml = 335\,ml$

oder: $2 \cdot 70\,ml + 190\,ml = 330\,ml$

$V_{Glas} = 27{,}86\,cm^2 \cdot 13\,cm = 362{,}16\,cm^3$

oder: $27{,}84\,cm^2 \cdot 13\,cm = 361{,}92\,cm^3$

Wenn sie zwei Eiskugeln in die Eisschokolade gibt, läuft die Eisschokolade nicht über.

### Volumen und Oberflächeninhalt von Kreiszylindern, Seite 47

**1**

(siehe Tabelle 1)

**2**

a) Volumen eines Pfahls $V = \pi \cdot \left(\frac{6{,}35}{2}\,cm\right)^2 \cdot 600\,cm \approx$
$19\,001{,}5\,cm^3 \approx 19\,dm^3 = 0{,}019\,m^3$
b) Gesamtvolumen $V = 204 \cdot 19\,dm^3 = 3876\,dm^3 = 3{,}876\,m^3$
c) Der Betonmischer enthält zu Beginn der Arbeiten $0{,}4 \cdot 8\,m^3$ $= 3{,}2\,m^3$ Beton. Da das Gesamtvolumen der Pfähle $3{,}876\,m^3$ beträgt, reicht diese Füllung nicht aus, um alle Pfähle mit Beton zu füllen.

**3**

a) $V = \pi \cdot r^2 \cdot h$. Formel nach h umstellen: $h = \frac{V}{\pi \cdot r^2}$

$V = 580\,ml = 580\,cm^3$ $\qquad h = \frac{580\,cm^3}{\pi \cdot (4{,}25\,cm)^2} \approx 10{,}22\,cm$

$O = 2\pi r^2 + 2\pi r h \approx 386{,}4\,cm^2$

b) Höhe der Banderole: 10,22 cm;

Länge der Banderole: $2\pi r + 1\,cm = 2\pi \cdot 4{,}25\,cm + 1\,cm$ $\approx 27{,}7\,cm$;

Fläche der Banderole: $10{,}22\,cm \cdot 27{,}70\,cm = 283{,}1\,cm^2$

**4**

a) $V = \pi \cdot r^2 \cdot h = \pi \cdot (5\,cm)^2 \cdot 15\,cm \approx 1178{,}1\,cm^3 \approx 1{,}178\,l$

b) Das Wasser steht bei kompletter Füllung bis zu der Höhe von 15 cm, das entspricht einem Volumen von etwa 1,178 l. Um das Litermaß zu beschriften, muss man berechnen, welcher Wasserhöhe ein Volumen von $\frac{3}{4}\,l$ entspricht und welches Volumen einer Höhe von 5 cm entspricht.

$h = 5\,cm$: $V = \pi \cdot (5\,cm)^2 \cdot 5\,cm \approx 392{,}7\,cm^3 \approx 0{,}393\,l$

$V = \frac{3}{4}\,l$: $\pi \cdot r^2 \cdot h = 750\,cm^3 \rightarrow h = \frac{750\,cm^3}{\pi \cdot (5\,cm)^2} \approx 9{,}55\,cm$

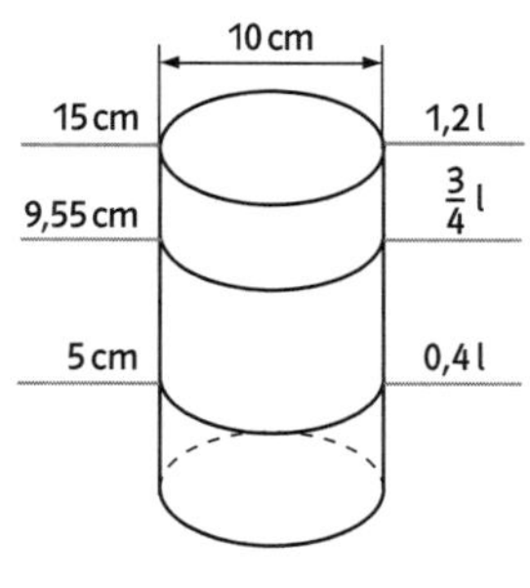


Tabelle 1

| | r | d | h | G | M | O | V |
|---|---|---|---|---|---|---|---|
| a) | 3 cm | 6 cm | 4 cm | $28{,}27\,cm^2$ | $75{,}40\,cm^2$ | $131{,}95\,cm^2$ | $113{,}10\,cm^3$ |
| b) | 7 cm | 14 cm | 2 cm | $153{,}94\,cm^2$ | $87{,}96\,cm^2$ | $395{,}84\,cm^2$ | $307{,}88\,cm^3$ |
| c) | 1,5 cm | 3 cm | 6 cm | $7{,}07\,cm^2$ | $56{,}55\,cm^2$ | $70{,}69\,cm^2$ | $42{,}41\,cm^3$ |
| d) | 10 cm | 20 cm | 15 cm | $314{,}16\,cm^2$ | $942{,}48\,cm^2$ | $1570{,}80\,cm^2$ | $4712{,}39\,cm^3$ |
| e) | 12 cm | 24 cm | 20 cm | $452{,}39\,cm^2$ | $1507{,}96\,cm^2$ | $2412{,}74\,cm^2$ | $9047{,}79\,cm^3$ |

**Prismen und Kreiszylinder | Merkzettel, Seite 48**

■ **Text:** Grund; Deck; deckungsgleiche; Rechtecken
**Beispiele:** Trapezprisma

■ **Text:** Summe; $O = 2G + M$
**Beispiele:** $M = 30{,}8\,cm^2$; $G = 3{,}15\,cm^2$; $O = 37{,}1\,cm^2$

■ **Text:** Produkt; $V = G \cdot h$
**Beispiele:** $V = 3{,}15\,cm^2 \cdot 4\,cm = 12{,}6\,cm^3$

■ **Text:** Summieren
**Beispiele:** $O = 148\,m^2$; $V = 120\,m^3$; $O = 57{,}6\,m^2$; $V = 18\,m^3$; $O = 181{,}6\,m^2$; $V = 138\,m^3$

■ **Text:** Produkt
**Beispiele:** $M = 251{,}33\,cm^2$; $G = 50{,}27\,cm^2$; $O = 351{,}87\,cm^2$

■ **Text:** $\pi r^2 \cdot h$
**Beispiele:** $V = 502{,}65\,cm^3$

**Üben und Wiederholen | Training 2, Seite 49**

**1**

a) $s = 320 \cdot 0{,}28\,\frac{m}{s} \cdot 12\,s = 1075\,m$

b) $t = 1000\,m : \left(0{,}28\,\frac{m}{s} \cdot 320\right) = 11\,s$

**2**

a) Wenn eine Zahl irrational ist, dann lässt sie sich nicht als Bruch schreiben.
b) Wenn eine Zahl durch zwölf teilbar ist, dann ist sie durch drei und vier teilbar.
c) Wenn eine lineare Funktion durch den Ursprung verläuft, dann ist sie proportional.

**3**

siehe Tabelle 1

**4**

a) Neuer Wert: $848\,m^2$
b) Preis nach Erhöhung: 525 €
c) Neuer Preis: 441 €
d) Alter Preis: 1500 €; reduzierter Preis: 1425 €

e) 140 € − 119 € = 21 €,
$\frac{21}{140} = 0{,}15$
Das sind 15 % weniger.

**5**

a) sss b) sss c) wsw d) sws

**Üben und Wiederholen | Training 2, Seite 50**

**6**

$f(x) = -0{,}7x + 6$

| x | −2 | −1 | 0 | 2 | 3 | 4 |
|---|---|---|---|---|---|---|
| f(x) | 7,4 | 6,7 | 6 | 4,6 | 3,9 | 3,2 |

$g(x) = 3{,}5x - 5{,}3$

| x | −3 | −1 | 0 | 1 | 4 | 5 |
|---|---|---|---|---|---|---|
| g(x) | −15,8 | −8,8 | −5,3 | −1,8 | 8,7 | 12,2 |

**7**

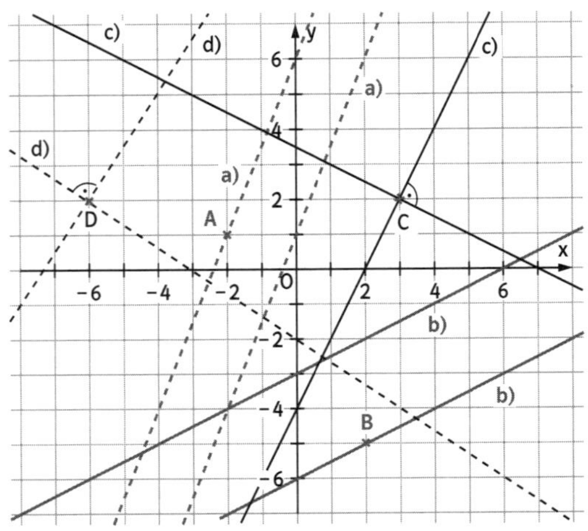


a) $g(x) = 2{,}5x + 6$
b) $g(x) = 0{,}5x - 6$
c) $g(x) = 2x - 4$
d) $g(x) = \frac{3}{2}x + 11$

**8**

a) $x < 2$

b) $x < -\frac{10}{3}$

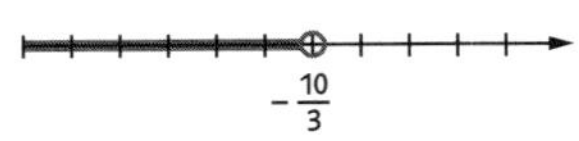


c) $x < 1{,}6$

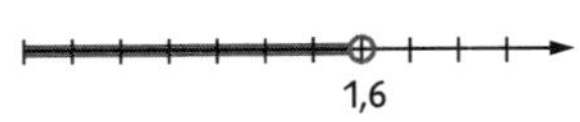


**9**

a) Frisbee A: $r = 2{,}0\,cm$; $U = 2 \cdot \pi \cdot 2 \approx 12{,}6\,cm$
Frisbee B: $r = 1{,}8\,cm$; $U = 2 \cdot \pi \cdot 1{,}8 \approx 11{,}3\,cm$
b) $r = 1{,}05\,cm$; $U = 6{,}60\,cm$; zurückgelegte Strecke: 369,60 cm

**10**

a) $G = 5\,cm^2$; $V = 40\,cm^3$
b) $G = 3\,cm^2$; $V = 24\,cm^3$
c) $G = 2{,}625\,cm^2$; $V = 21\,cm^3$
d) $G = 2\,cm^2$; $V = 16\,cm^3$
e) $G = 0{,}5\,cm^2$; $V = 4\,cm^3$

Tab. 1

| | a | b | $(a+b)^2$ | $(a-b)^2$ | $(a+b)(a-b)$ |
|---|---|---|---|---|---|
| a) | 5 | 3x | $(5+3x)^2 = 25 + 30x + 9x^2$ | $(5-3x)^2 = 25 - 30x + 9x^2$ | $(5+3x)(5-3x) = 25 - 9x^2$ |
| b) | 6xy | 4x | $(6xy+4x)^2 = 36x^2y^2 + 48x^2y + 16x^2$ | $(6xy-4x)^2 = 36x^2y^2 - 48x^2y + 16x^2$ | $(6xy+4x)(6xy-4x) = 36x^2y^2 - 16x^2$ |
| c) | 2xy | −4x | $(2xy-4x)^2 = 4x^2y^2 - 16x^2y + 16x^2$ | $(2xy+4x)^2 = 4x^2y^2 + 16x^2y + 16x^2$ | $(2xy-4x)(2xy+4x) = 4x^2y^2 - 16x^2$ |
| d) | 10x | −2 | $100x^2 - 40x + 4$ | $(10x+2)^2 = 100x^2 + 40x + 4$ | $(10x-2)(10x+2) = 100x^2 - 4$ |
| e) | 12xy | 5y | $(12xy+5y)^2 = 144x^2y^2 + 120xy^2 + 25y^2$ | $(12xy-5y)^2 = 144x^2y^2 - 120xy^2 + 25y^2$ | $144x^2y^2 - 25y^2$ |

**Lineare Gleichungen mit zwei Variablen, Seite 51**

**1**

a) Angekreuzt werden: A, C, D, F, G.

b) B: $y - 3x = -9$;  E: $3y + 3x = -3$;  H: $y = \frac{6}{12}x - 4$

c)

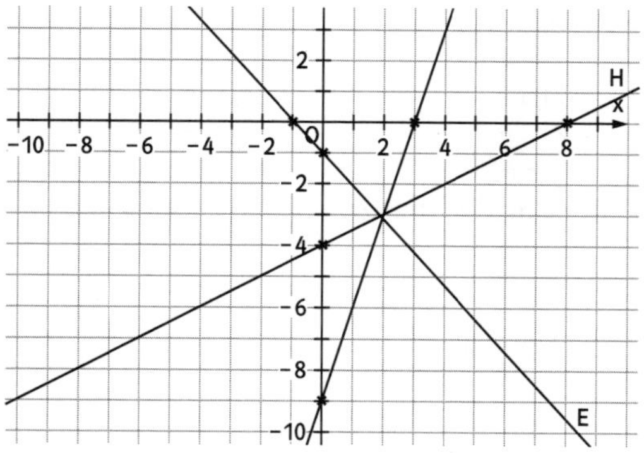


**2**

| | | |
|---|---|---|
| $(8\,|\,9{,}4) \rightarrow$ H | $(-2{,}5\,|\,1) \rightarrow$ A | $(7\frac{1}{2}\,|\,9) \rightarrow$ I |
| $(18\,|\,17{,}4) \rightarrow$ R | $(0\,|\,3) \rightarrow$ C | $(21\,|\,19\frac{4}{5}) \rightarrow$ U |

Lösungswort: AURICH

**3**

a) $y = -\frac{1}{2}x + 1$  b) $y = -2{,}5x - 3{,}5$  c) $y = 1{,}5x + 2$

d) $y = 0{,}25x + 4$  e) $y = \frac{1}{3}x - \frac{4}{3}$  f) $y = 5x - 25$

**4**

a) $y = -\frac{2}{5}x + 4$  b) $y = -3x + 7$  c) $y = 3x - 1{,}5$

d) $y = \frac{4}{3}x - 5$  e) $y = \frac{5}{7}x$

**Lineare Gleichungssysteme mit zwei Variablen, Seite 52**

**1**

Reihenfolge entsprechend den Gleichungssystemen:

$(2\,|\,7)$;  $(-3\,|\,5)$;  $(6\,|\,\frac{1}{2})$;  $(4{,}5\,|\,-\frac{5}{2})$

Übrig bleibt $(2\,|\,2{,}5)$.

**2**

b) Q(7 | 8); Probe: $8 = 2 \cdot 7 - 6$ und $8 = 7 + 1$

c) R(3 | 1); Probe: $1 = \frac{2}{3} \cdot 3 - 1$ und $1 = -\frac{2}{3} \cdot 3 + 3$

d) S(−5 | −7); Probe: $-7 = 2{,}2 \cdot (-5) + 4$ und $-7 = \frac{4}{5} \cdot (-5) - 3$

e) T(6 | −5); Probe: $-5 = \frac{1}{3} \cdot 6 - 7$ und $-5 = -\frac{11}{6} \cdot 6 + 6$

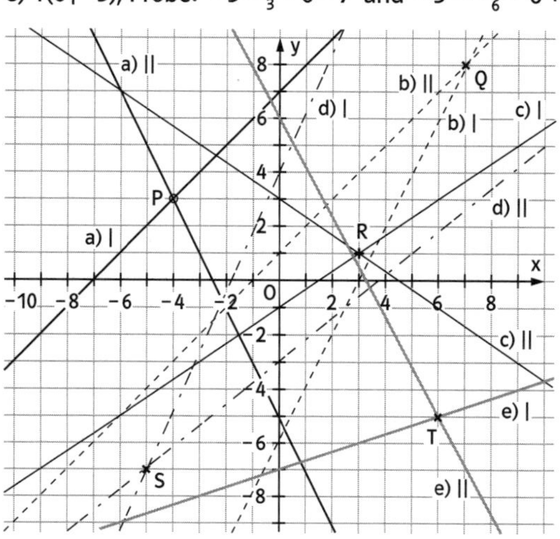


**3**

Lösungswort: PUNKT

**4**

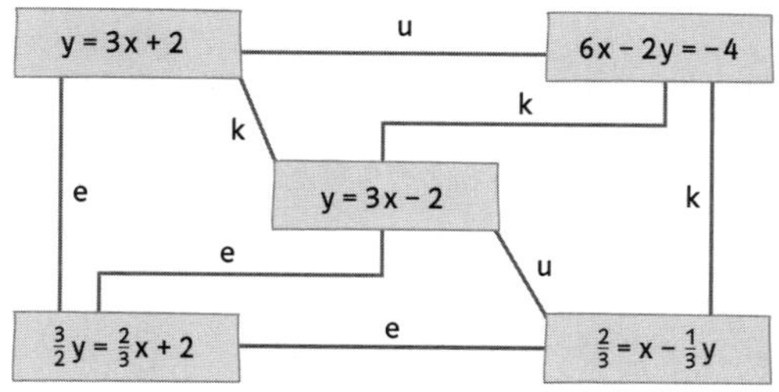


**5**

x steht für die Anzahl der Sechser.

I: $x + y = 13$ und II: $6x + 8y = 88$

I: $y = 13 - x$ und II: $y = -\frac{3}{4}x + 11$

In Timos Kiste liegen 8 Sechser und 5 Achter.

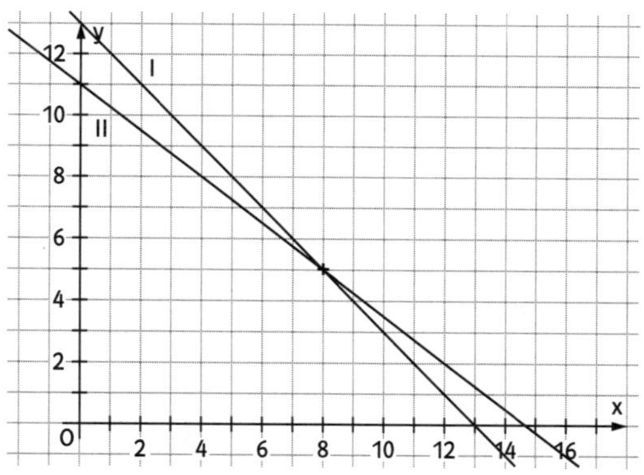


**Lösen linearer Gleichungssysteme mit zwei Variablen, Seite 53**

**1**

| | | |
|---|---|---|
| a) Korrektur: $x = 1$ | $y = 4 \cdot 1 + 2$ | $y = 6$ |
| Probe: $6 = 9 \cdot 1 - 3$ | $6 = 9 - 3$ | $6 = 6$ |
| b) Korrektur: $x = -2 \cdot (-5) + 14$ | $x = 10 + 14$ | $x = 24$ |
| Probe: $24 = 3 \cdot (-5) + 39$ | $24 = -15 + 39$ | $24 = 24$ |

**2**

a)

| | | | |
|---|---|---|---|
| 1 | III: $3x + 2x - 12 = 8$ | 2 | $5x - 12 = 8$  $|+12$ |
| 3 | $5x = 20$  $|:5$ | 4 | $x = 4$ |
| 5 | I: $3 \cdot 4 + y = 8$ | 6 | $12 + y = 8$  $|-12$ |
| 7 | $y = -4$ | 8 | P mit II: $-4 = 2 \cdot 4 - 12$ |
| 9 | $-4 = 8 - 12$ | 10 | $-4 = -4$ |

b)

1 III: $3y + 0{,}6 + 2y = 4{,}4$ 2 $5y + 0{,}6 = 4{,}4 \quad |-0{,}6$

3 $5y = 3{,}8 \quad |:5$ 4 $y = 0{,}76$

5 I: $0{,}6x + 2 \cdot 0{,}76 = 4{,}4$ 6 $0{,}6x + 1{,}52 = 4{,}4 \quad |-1{,}52$

7 $0{,}6x = 2{,}88 \quad |:0{,}6$ 8 $x = 4{,}8$

9 P mit II: $0{,}6 \cdot 4{,}8 = 3 \cdot 0{,}76 + 0{,}6$

10 $2{,}88 = 2{,}28 + 0{,}6$ 11 $2{,}88 = 2{,}88$

**3**

I: $y = \frac{3}{2}x + 3$

II: $y = 3x - 2$

III: $\frac{3}{2}x + 3 = 3x - 2 \quad |-3x$

$-\frac{3}{2}x + 3 = -2 \quad |-3$

$-\frac{3}{2}x = -5 \quad |\left(-\frac{2}{3}\right)$

$x = \frac{10}{3}$ Probe mit II: $8 = 3 \cdot \frac{10}{3} - 2$

y mit I: $y = \frac{3}{2} \cdot \frac{10}{3} + 3$ $\quad 8 = 10 - 2$

$y = 5 + 3$ $\quad 8 = 8$

$y = 8$

**Additionsverfahren, Seite 54**

**1**

a) I: $4x + 2y = 28$

II: $3x - 2y = 14$

I + II: $7x = 42$

$x = 6$

Setze x in I ein:

I: $4 \cdot 6 + 2y = 28$

$24 + 2y = 28$

$2y = 4$

$y = 2$

Probe mit Gleichung II:

II: $3 \cdot 6 - 2 \cdot 2 = 14$

$18 - 4 = 14$

$14 = 14$

b) I: $6x + 4y = 38$

II: $2x + 2y = 8$

I: $6x + 4y = 38$

II: $-4x - 4y = -16$

I + II: $2x = 22$

$x = 11$

Setze x in I ein:

I: $6 \cdot 11 + 4 \cdot y = 38$

$66 + 4y = 38$

$4y = -28$

$y = -7$

Probe mit Gleichung II:

II: $2 \cdot 11 + 2 \cdot (-7) = 8$

$22 + (-14) = 8$

$8 = 8$

**2**

a) I: $5x + 4y = 23$ b) II: $-7y - 4x = 31$ c) $-23 = -2x + 4y$

**3**

Die Variable x steht für die Anzahl der Milchfinger und y für die Anzahl der Erdbeerhände.

I: $1{,}20x + 1{,}50y = 18 \quad |\cdot 5$

II: $1{,}50x + 1{,}20y = 17{,}1 \quad |\cdot(-4)$

Umgeformt:

I: $6x + 7{,}5 \cdot y = 90$

II: $-6x - 4{,}8y = -68{,}4$

I + II: $2{,}7y = 21{,}6$

$y = 8$

Zweite Variable:

$1{,}20x + 1{,}50 \cdot 8 = 18$

$1{,}20x + 12 = 18$

$1{,}20x = 6$

$x = 5$

Lösung: $x = 5$ und $y = 8$

Eigentlich soll Wilhelm 5 Milchfinger und 8 Erdbeerhände holen.

**4**

a)

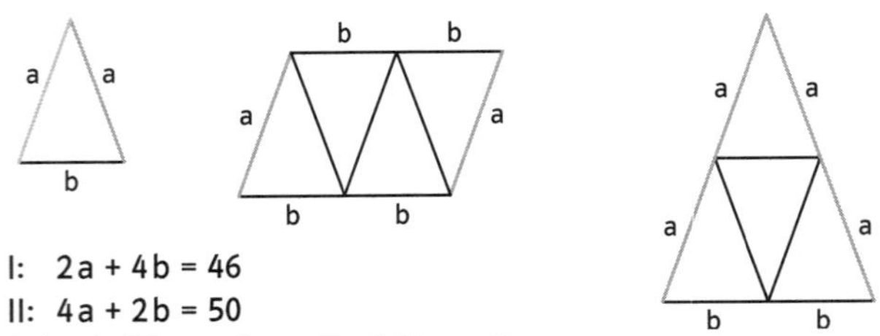


b) I: $2a + 4b = 46$

II: $4a + 2b = 50$

c) Schenkellänge: 9 cm; Basislänge: 7 cm

**Systeme linearer Gleichungen | Merkzettel, Seite 55**

■ **Text:** Zahlenpaar; unendlich; Lösungen

**Beispiele:**

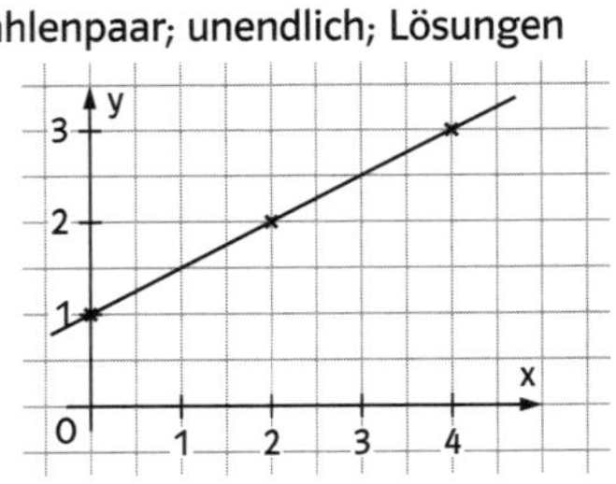


■ **Beispiele:** F(3|3)

■ **Text:** grafische; Einsetzungs; Gleichsetzungs; Additions; parallele; schneidende; identische

**Beispiele:** $2x - 1$ $\quad -2y + 4x = 2$

I + II $0y + 5x = 10 \quad |:5$ $\quad 2$ $\quad y = 2 \cdot 2 - 1$ $\quad y = 3$

■ **Text:** Variablen

■ **Text:** Halbebenen

**Beispiele:** Die Zahlen sind 3 und 2

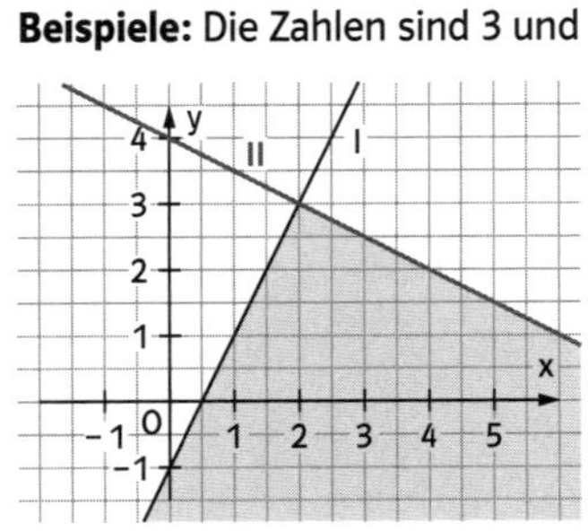

**Häufigkeiten und Wahrscheinlichkeiten (1), Seite 56**

**1**
siehe Tab. 1 am Seitenende unten

**2**
a) $\frac{1}{6}$ b) $\frac{1}{2}$ c) $\frac{2}{3}$ d) $\frac{2}{3}$

**3**
a) $\frac{1}{4}$

b) 13-mal eine orange Kugel, 10-mal eine graue und 28-mal eine weiße Kugel. (gerundete Werte, deshalb Summe 51)

**4**
a)

| | | Orange | Weiß | Grau |
|---|---|---|---|---|
| Häufigkeit | | 81 | 187 | 101 |
| Relative Häufigkeit | Dezimalbruch | 0,220 | 0,507 | 0,274 |
| | in Prozent | 22,0 | 50,7 | 27,4 |
| geschätzte Wahrscheinlichkeit | Dezimalbruch | 0,219 | 0,507 | 0,274 |
| | in Prozent | 21,9 | 50,7 | 27,4 |

b) Die Summe der Wahrscheinlichkeiten ist 1.

**Häufigkeiten und Wahrscheinlichkeiten (2), Seite 57**

**1**
a) Nein; Orange: $\frac{3}{12}$; Grau: $\frac{4}{12}$; Weiß: $\frac{5}{12}$
b) Weiß, weil die Gewinnwahrscheinlichkeit am größten ist.
c) Jede Farbe hat 4 von 12 Feldern.
d)

| Anzahl der Drehungen | | 100 | 500 | 1000 |
|---|---|---|---|---|
| Absolute Häufigkeit | orange | 28 | 156 | 243 |
| | grau | 31 | 162 | 335 |
| | weiß | 41 | 182 | 422 |

**2**
a) siehe Tabelle 2
b) Die obere Verteilung (10 000 Würfe) ist wahrscheinlich für diesen Würfel.
Die untere Verteilung (100 000 Würfe) ist realistisch für einen normalen (nicht gezinkten) Würfel.

**3**
a) Paul hat die größere Gewinnchance.
b) Paul gewinnt bei 5, 6, 7, 8, Steffi bei 1, 2, 3. Die Chancen sind gleich für 1 und 8, für 2 und 7, für 3 und 6. Da Paul das Feld 5 mehr hat, sind seine Chancen größer. (Bei 4 gewinnt niemand.)

**Summenregel, Pfadregel (1), Seite 58**

**1**
a) $\frac{1}{15}$; $\frac{7}{30}$; $\frac{7}{30}$; $\frac{7}{15}$ b) $\frac{9}{100}$; $\frac{21}{100}$; $\frac{21}{100}$; $\frac{49}{100}$

**2**
a) 3-mal
b)

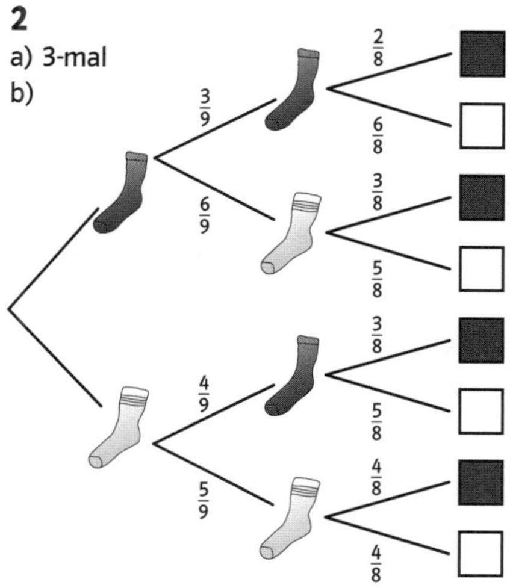


c) $\frac{1}{10}$ d) $\frac{1}{30}$

**3**
a) $\frac{1}{36}$

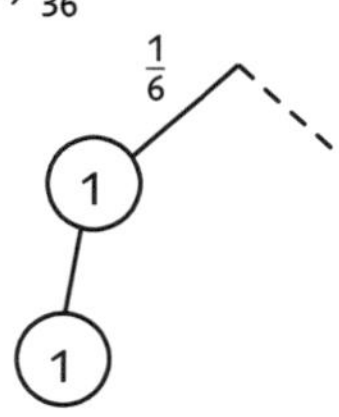


b) $\frac{9}{16}$

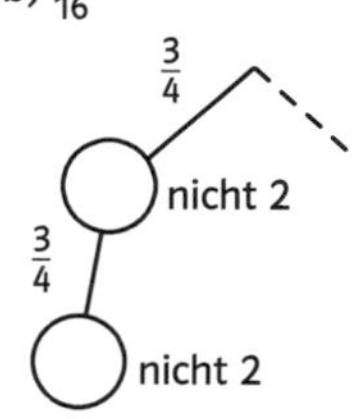


c) $\frac{1}{25}$

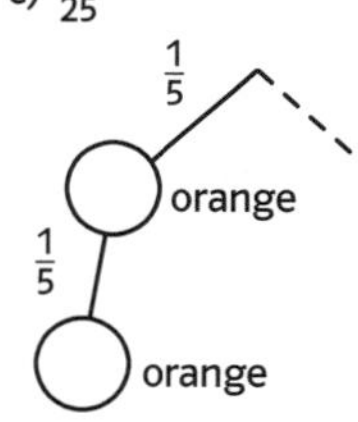


**Summenregel, Pfadregel (2), Seite 59**

**1**
a) Einträge in der rechten Spalte: $\frac{3}{8}$; $\frac{2}{8} = \frac{1}{4}$; $\frac{1}{8}$; $\frac{2}{8} = \frac{1}{4}$
b) Einträge in der rechten Spalte: 30 %; 20 %; 40 %; 10 %

| Name | Bernd | Inge | Lutz | Artem | Nesat | Carolin |
|---|---|---|---|---|---|---|
| absolute Häufigkeit | 12 | 15 | 10 | 11 | 3 | 4 |
| relative Häufigkeit | $\frac{12}{15} = 0{,}8$ | $\frac{15}{20} = 0{,}75$ | $\frac{10}{20} = 0{,}5$ | $\frac{11}{20} = 0{,}55$ | $\frac{3}{15} = 0{,}2$ | $\frac{4}{5} = 0{,}8$ |

Tab. 1

| Würfelaugen |  |  | 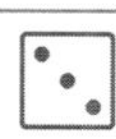 |  |  |  |
|---|---|---|---|---|---|---|
| Strichliste | 𝍸 𝍸 𝍸 𝍸 I | 𝍸 IIII | 𝍸 𝍸 I | 𝍸 𝍸 I | 𝍸 𝍸 | 𝍸 𝍸 |
| absolute Häufigkeit | 21 | 9 | 11 | 11 | 10 | 10 |
| relative Häufigkeit | $\frac{21}{72}$ | $\frac{1}{8}$ | $\frac{11}{72}$ | $\frac{11}{72}$ | $\frac{5}{36}$ | $\frac{5}{36}$ |
| in Prozent | 29,2 % | 12,5 % | 15,3 % | 15,3 % | 13,9 % | 13,9 % |

Tab. 2

**2**

a) Von links nach rechts:

blau: $\frac{5}{33}$; grün: $\frac{5}{44}$; rot: $\frac{5}{33}$ blau: $\frac{5}{44}$; grün: $\frac{1}{22}$; rot: $\frac{1}{11}$

blau: $\frac{5}{33}$; grün: $\frac{1}{11}$; rot: $\frac{1}{11}$

b) $\frac{10}{33} \approx 30{,}30\,\%$ c) $\frac{47}{66} \approx 71{,}21\,\%$ d) $\frac{5}{11} \approx 45{,}45\,\%$

**3**

a) $\frac{1}{2}$ b) $\frac{2}{3}$ c) $\frac{11}{12}$ d) $\frac{5}{12}$

**Wahrscheinlichkeitsrechnung | Merkzettel, Seite 60**

■ **Text:** Anteil
**Beispiele:** $\frac{1}{2} = 50\,\%$ 750-mal

■ **Text:** Zufalls; Schätzen
**Beispiele:**

| | Orange | Grau |
|---|---|---|
| Absolute Häufigkeit | 788 | 212 |
| Relative Häufigkeit | $\frac{788}{1000}$ | $\frac{212}{1000}$ |
| Geschätzte Wahrscheinlichkeit | 78,8 % | 21,2 % |

■ **Text:** Ergebnisse
**Beispiele:** $1 - \frac{1}{6} = \frac{5}{6}$

■ **Text:** Baumdiagramme; Wahrscheinlichkeiten
**Beispiele:**

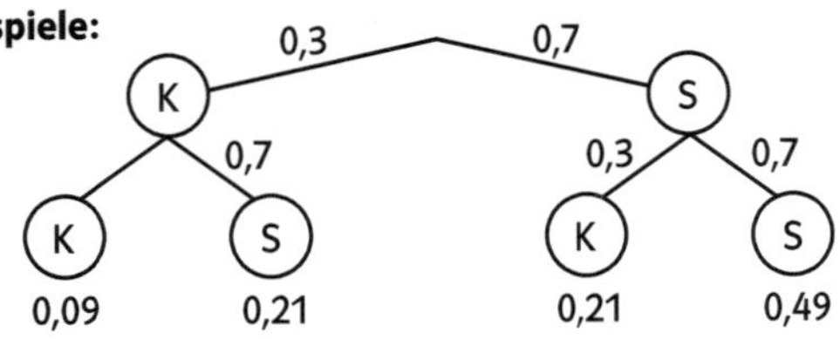


0,42 = 42 %

■ **Text:** Baumdiagramms
**Beispiele:**

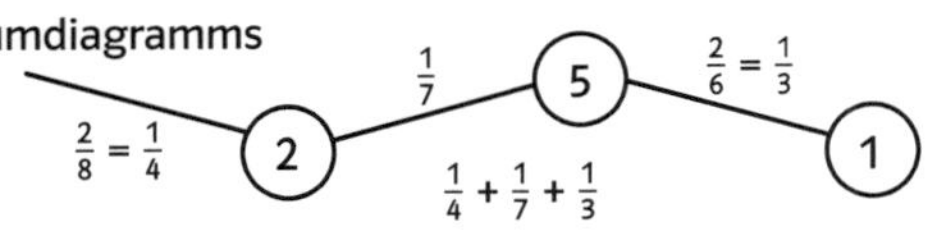


**Üben und Wiederholen | Training 3, Seite 61**

**1**

a) $4x^2 + 12xy + 9y^2$ b) $25n^2 - 16m^2$

c) $100x^2 - 400xy + 400y^2$ d) $\frac{1}{9}x^2 - \frac{1}{3}xy + \frac{1}{4}y^2$

e) $81x^2y^2 - 18x^2y + x^2$ f) $\frac{9}{49}v^2 + 6uv + 49u^2$

**2**

a) $x^2 = 36$; $x_1 = 6$; $x_2 = -6$ b) $x^2 = 2$; $x_1 = \sqrt{2}$; $x_2 = -\sqrt{2}$

c) $x^2 = 25$; $x_1 = 5$; $x_2 = -5$ d) $x^2 = -1$; keine Lösungen

**3**

Lösungswort: MODE

a) {5} b) { } c) {−4} d) $\mathbb{Q}$

**4**

a) 45 Tage b) 144,50 € c) 3 Monate d) 6 %

e) 8,75 € f) 5000 € g) 1 %

**5**

2910,00 € entsprechen 97 %. Der Ursprungspreis betrug 3000 €; Herr Lage hat 90 € gespart.

**6**

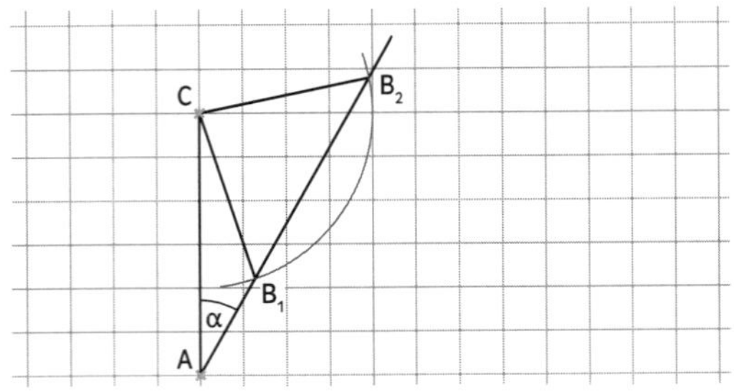


$c_1 = 13\,mm$, $c_2 = 39\,mm$

**Üben und Wiederholen | Training 3, Seite 62**

**7**

a)

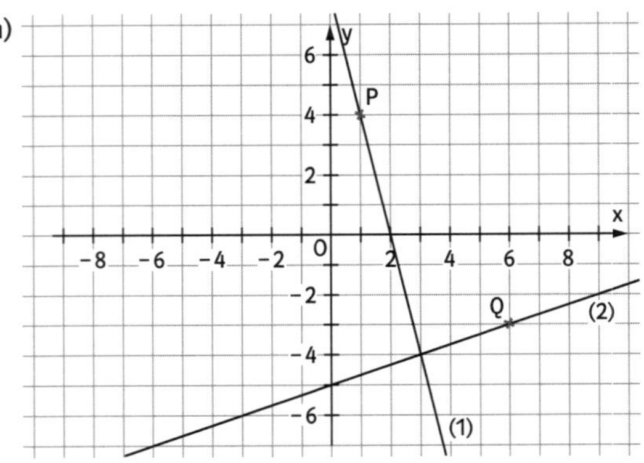


b) $g(x) = -4x + 8$; Nullstelle bei $x = 2$;

$h(x) = \frac{1}{3}x - 5$; Nullstelle bei $x = 15$;

Schnittpunkt bei (3 | −4)

**8**

Eingetragen werden jeweils von links nach rechts:

a) −6; 0; 3; 6 b) 10; $\frac{10}{3}$; 2,5; 2

c) 3; 1; −1 d) 9; 16

**9**

| Münze | Radius | Durchmesser | Flächeninhalt |
|---|---|---|---|
| 1 ct | 8,125 mm | 16,25 mm | 207,39 mm² |
| 1 € | 11,625 mm | 23,25 mm | 424,56 mm² |
| 2 € | 12,875 mm | 25,75 mm | 520,77 mm² |

**10**

Prismen ergeben die Figuren A, C, D, F.

**11**

a) $V \approx 11{,}0\,cm^3$ b) $O \approx 37{,}7\,cm^2$

**12**

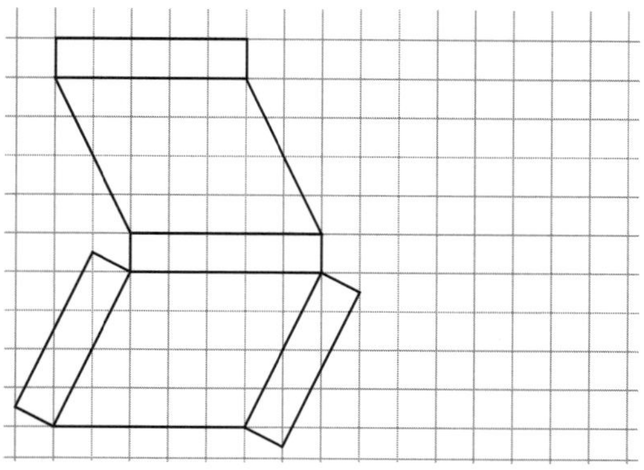

**17**

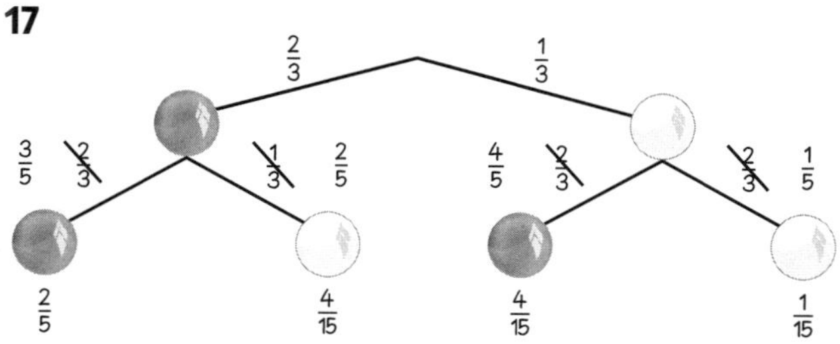


## Üben und Wiederholen | Training 3, Seite 63

**13**

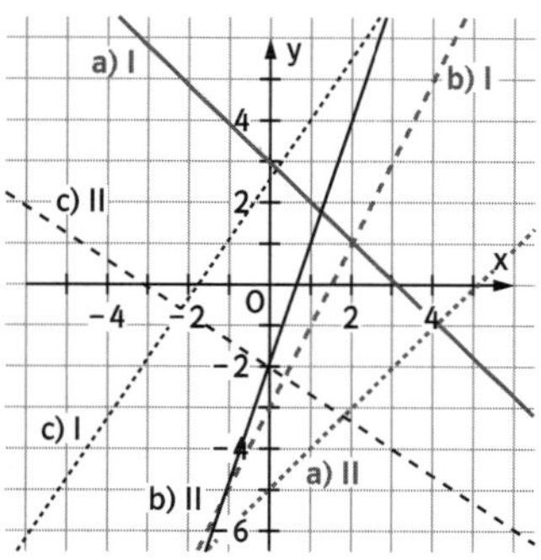


a) (4 | −1) b) (−1 | −5) c) $\left(-\frac{27}{13} \,\middle|\, -\frac{8}{13}\right)$ oder gerundet: (−2,1 | −0,6)

**14**

a) EV; II: $y = 4x - 5$
b) GV; II: $-4x + 3 = y$
c) EV; II: $y = 3x - 1{,}5$
d) EV; II: $2x = -2y + 3$

**15**

Es gehören zusammen:

a) I: $-2x + 12y = 108$, II: $2x + 7y = 44$; I + II: $19y = 152$; (−6 | 8)

b) I: $56x = 8y + 216$, II: $9x + 8y = 109$; I + II: $65x = 325$; (5 | 8)

c) I: $x + 3y = 22$, II: $2x + 3y = 23$; I + II: $x = 1$; (1 | 7)

d) I: $6x + 8y - 26 = 0$, II: $9x = 57 - 3y$; I + II: $-18y = 36$; (7 | −2)

**16**

a) Es gibt mehrere Lösungen. 4 Felder sind rot oder gelb, 2 Felder sind grün oder blau.
b) Es gibt mehrere Lösungen. 9 Felder sind rot oder gelb, 3 Felder sind grün oder blau
c) Es gibt mehrere Lösungen. 5 Felder sind rot, gelb oder grün, 3 Felder sind blau.

**Beilage zum Arbeitsheft Lambacher Schweizer 8** **ISBN:** 978-3-12-734884-2
**ISBN:** 978-3-12-734885-9



**Zeichnungen/Illustrationen:** media office gmbh, Kornwestheim
**Satz:** media office gmbh, Kornwestheim

**1** Löse die Gleichung zuerst zeichnerisch und dann rechnerisch.

a) $3x + 3 = -3$

$3x + 3 = -3 \quad | -3$

$3x = -6 \quad | :3$

b) $-\frac{1}{4}x + 1{,}5 = 2{,}5$

c) $\frac{3}{5}x + 6 = 9$

d) $-1{,}5x - 5 = -8$

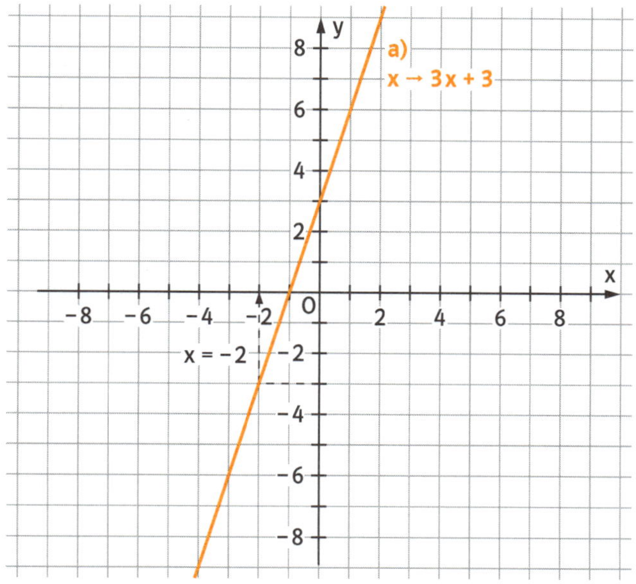


**2** Berechne die Nullstelle der linearen Funktion f.

a) $f: x \to 3x + 3$

$3x + 3 = 0 \quad | -3$

$3x = -3 \quad |$

b) $f: x \to -\frac{1}{4}x + 1{,}5$

c) $f: x \to \frac{3}{5}x + 6$

d) $f: x \to -1{,}5x - 5$

**3** Die Tabelle gehört zu einer linearen Funktion. Ergänze die Lücken und gib die Funktionsvorschrift an.

| x | −2 | −1 | 0 | | | 7 |
|---|---|---|---|---|---|---|
| y | 19 | 12 | | −16 | 0 | |

a: y = ____________

| x | | | 0 | 2 | 4 | 6 |
|---|---|---|---|---|---|---|
| y | −9,8 | 0 | | | 14,7 | 21,7 |

b: y = ____________

**4** a) Der Graph der linearen Zuordnung mit $f: x \to mx + b$ verläuft durch den Punkt P(Q).

Gib die Funktion an und bestimme deren Nullstelle.

(1) $m = 2$ $\quad$ $P(-2|4)$

y = ____________ Nullstelle bei x = ______

(2) $m = \frac{3}{5}$ $\quad$ $b = -0{,}4$

y = ____________ Nullstelle bei x = ______

(3) $Q(9|-2)$ $\quad$ $b = 5{,}2$

y = ____________ Nullstelle bei x = ______

b) Zeichne die Graphen.

Der Schnittpunkt von (1) und (2) liegt bei (___|___),

von (1) und (3) bei (___|___) und

von (2) und (3) bei (___|___).

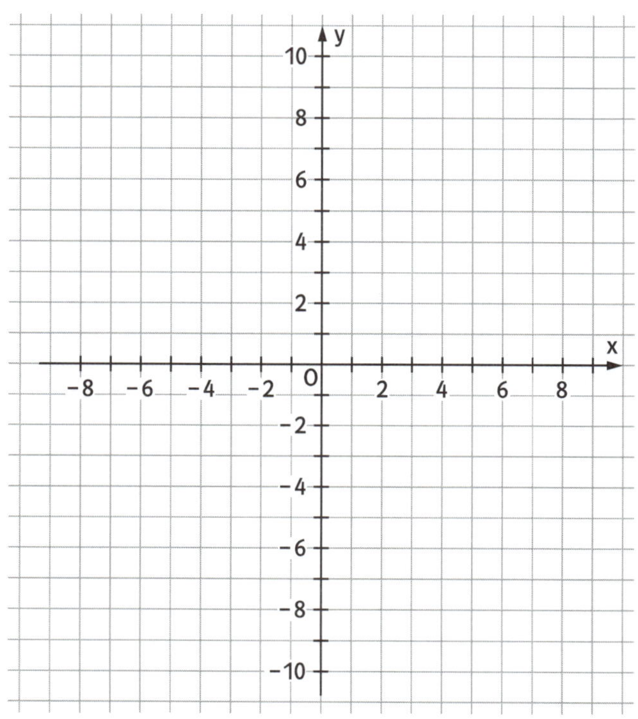

**1** Hier sind die Lösungsmengen verschiedener Ungleichungen dargestellt. Gib die Lösungsmengen an.

a) 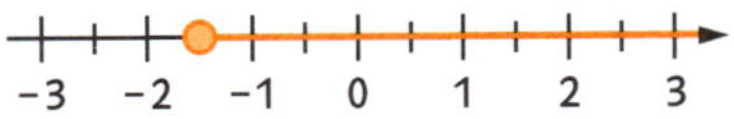

L = {x | ____________ }

b) 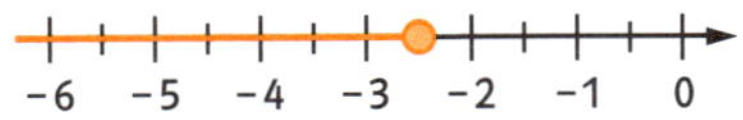

L = {x | ____________ }

c) 

L = {x | ____________ }

**2** Löse mithilfe von Äquivalenzumformungen. Veranschauliche die Lösungsmenge am Zahlenstrahl.

a) $5 > x + 4$ | ____________

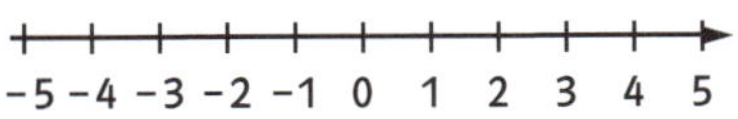

b) $-4x \leqq 116$ | ____________

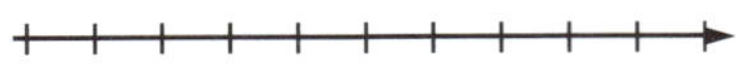

c) $x + 7 < 1$ | ____________

d) $5x - 6 \leqq 8x - 6$ | ____________

e) $x + 8 > 3x - 6$ | ____________

f) $-4(x - 3{,}5) \geqq -6$ | ____________

**3** Bestimme die Lösungsmenge und veranschauliche sie auf der x-Achse.

a) $5x + 2 < -3$ L = {x | ____________ }

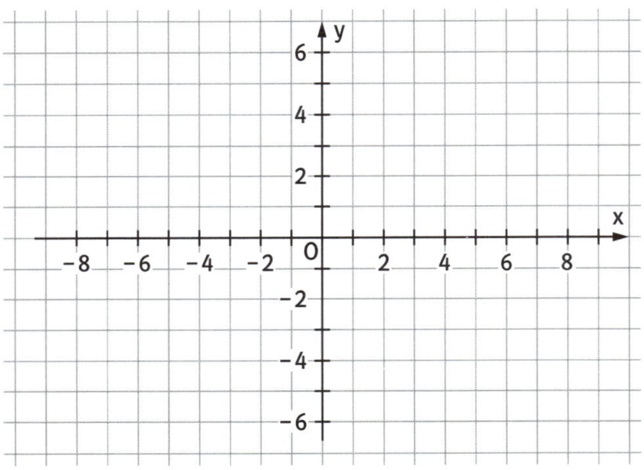

b) $\frac{10}{4} < 7 - 3x$ L = {x | ____________ }

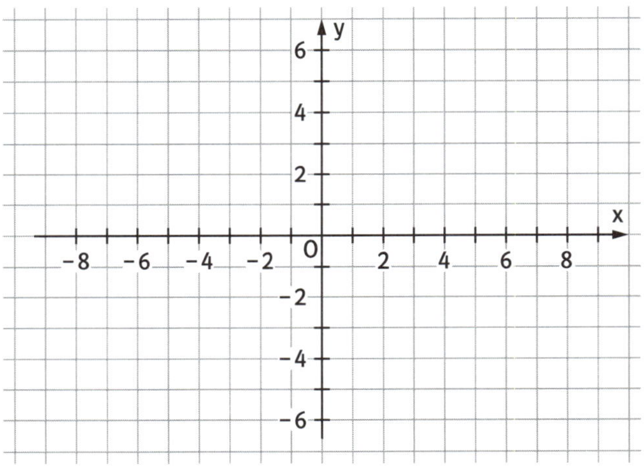

**4** Bei einem Trapez ist die zur Grundseite x parallele Seite 20 m kürzer als die Grundseite. Die anderen beiden Seiten sind je nur 50 cm kürzer als diese Parallele.

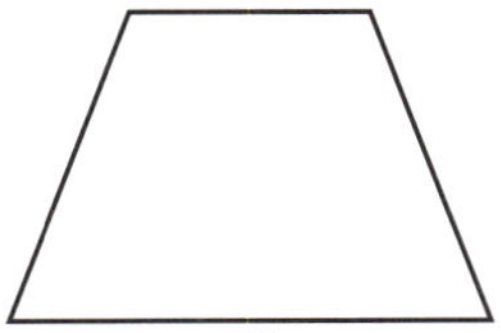

x

a) Wie lang darf die Grundseite sein, wenn der Umfang höchstens 86 m beträgt?

Dann lautet der Term für die parallele Seite ____________ und für die beiden anderen Seiten ____________.

Der Term für den Umfang lautet ____________.

Ungleichung: ____________ L = {x | ____________ }

b) Wie lang muss die Grundseite mindestens sein, wenn der Umfang nicht geringer als 64 m sein soll?

Ungleichung: ____________ L = {x | ____________ }

**1** Stell dir vor, in die abgebildeten Gefäße wird gleichmäßig Wasser eingefüllt. Die Schaubilder darunter zeigen, wie schnell der Wasserstand im Gefäß steigt. Ordne jedem Gefäß die passende Kurve zu.

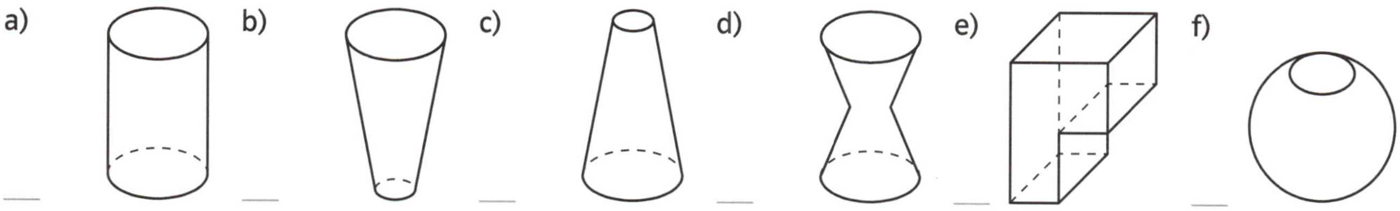


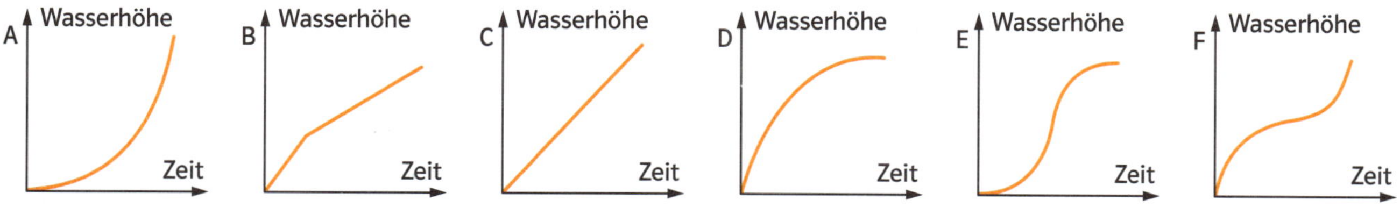


**2** In welchen Körpern steigt bei konstantem Wasserzulauf die Höhe nicht linear an? Kreuze an.

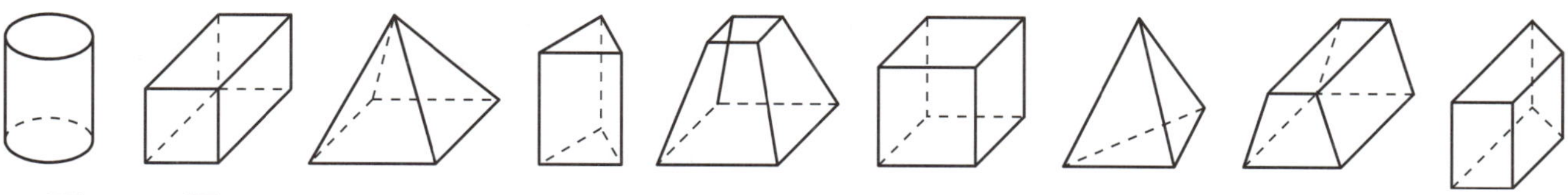

A ☐ B ☐ C ☐ D ☐ E ☐ F ☐ G ☐ H ☐ I ☐

**3** Die letzten drei großen Kaltzeiten in Nordwest-Europa sind nach den Flüssen benannt, bis zu denen das Eis aus nördlicher Richtung vorgedrungen ist. Sie wurden von der Holstein- und Eem-Warmzeit mit maximalen Jahresmitteltemperaturen von 12 °C unterbrochen. Trage die gegebenen Temperaturminima in das Koordinatensystem ein und skizziere einen möglichen Graphen der Zuordnung Zeit → Jahresmitteltemperatur.

| | | |
|---|---|---|
| Weichsel-Kaltzeit | vor ca. 25 000 Jahren | −4 °C |
| | vor ca. 80 000 Jahren | −1 °C |
| Saale-Kaltzeit | vor ca. 150 000 Jahren | −3 °C |
| | vor ca. 220 000 Jahren | −4 °C |
| | vor ca. 260 000 Jahren | −6 °C |
| Elster-Kaltzeit | vor ca. 550 000 Jahren | −5 °C |
| | vor ca. 650 000 Jahren | −6 °C |

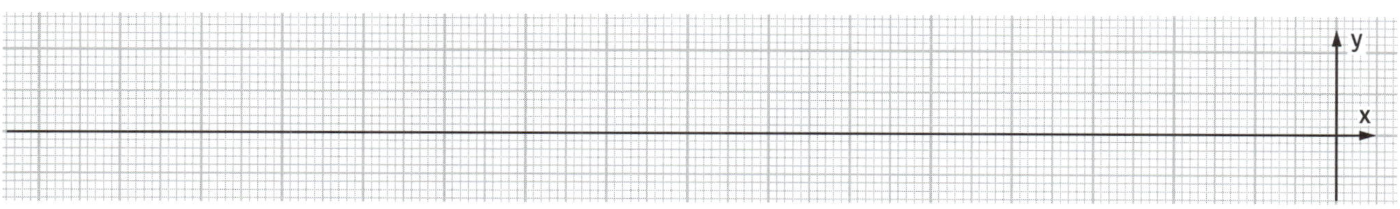


**4** Benenne die einzelnen Funktionsabschnitte mit den Begriffen proportionale, antiproportionale, lineare und nicht lineare Funktion.

a) ______________________ Funktion

b) ______________________ Funktion

c) ______________________ Funktion

d) ______________________ Funktion

e) ______________________ Funktion

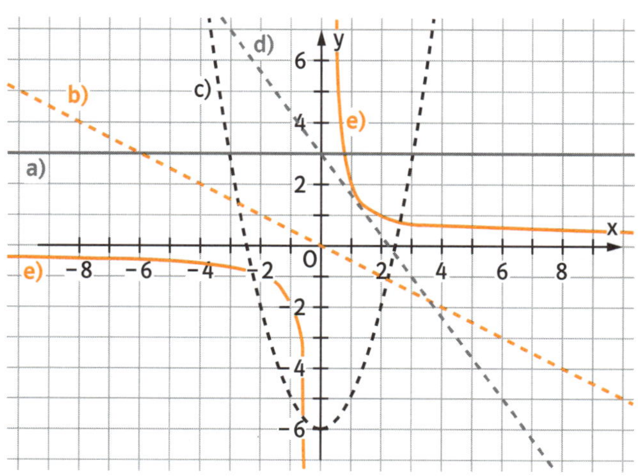

Fülle die Lücken. Für jeden Buchstaben findest du einen Strich. Löse dann die Beispielaufgaben.

## Funktionsbegriff

Eine Funktion ist eine Zuordnung $x \to y$, die jedem Wert für x _ _ _ _ _ einen Wert für y zuordnet.
Ein Graph ist nur dann ein Funktionsgraph, wenn jede _ _ _ _ _ _ _ _ _ _ zur y-Achse den Graphen in nicht mehr als einem Punkt schneidet.

■ Funktionsgraph oder nicht?

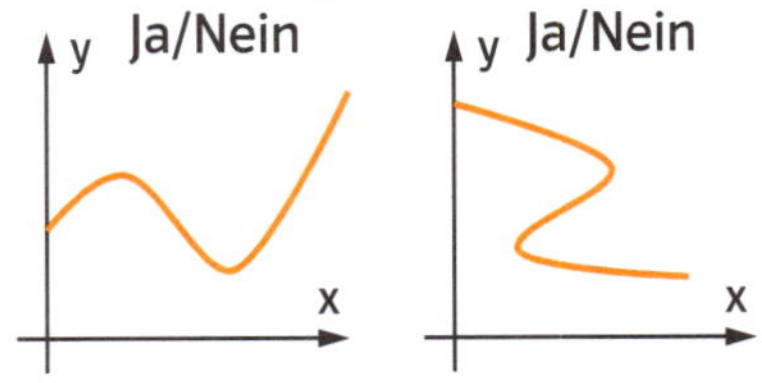


## Funktionsterm und Funktionsgraph

Lässt sich eine Funktion $f: x \to f(x)$ durch einen _ _ _ _ beschreiben, so lassen sich die zugehörigen Koordinaten aller Punkte $(x \mid f(x))$, die den Funktionsgraphen bilden, mithilfe der Funktionsgleichung berechnen.

■ $f(x) = 0{,}5x + 2$

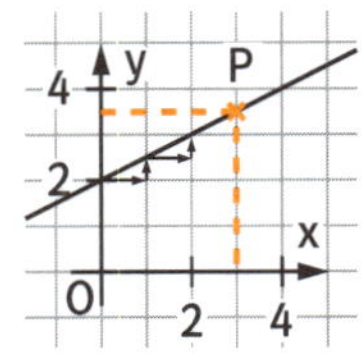


P(3 | 3,5) liegt auf dem Graphen von f, da

f(___) = 0,5 · ___ + 2 = ___

## Lineare Funktionen

Eine lineare Funktion ist eine Funktion mit der Funktionsvorschrift $f: x \to mx + b$ mit $m, b \in \mathbb{Q}$. Der Graph einer linearen Funktion ist eine Gerade mit dem _-Achsenabschnitt b und der _ _ _ _ _ _ _ _ _ m.
Ist die Steigung gleich null, so verläuft der Graph parallel zur x-Achse. Ist der y-Achsenabschnitt gleich null, so liegt eine proportionale Funktion vor. Sind m und b gleich null, so liegt der Graph auf der x-Achse.
Sind von einer linearen Funktion zwei Punkte bekannt, $P(x_1 \mid f(x_1))$ und $Q(x_2 \mid f(x_2))$, so lässt sich die Steigung m mit $m = \frac{f(x_2) - f(x_1)}{x_2 - x_1}$ berechnen.
Mit der Steigung und den Koordinaten eines Punktes lässt sich der y-Achsenabschnitt b bestimmen: $b = y - mx$.
Der Graph einer linearen Funktion $g: x \to m'x + b'$ verläuft _ _ _ _ _ _ _ _ _ zum Graphen der linearen Funktion f, wenn $m' \cdot m = -1$ bzw. $m' = -\frac{1}{m}$ ist.

■ Zeichne $g(x) = 0{,}5x + 0{,}5$.

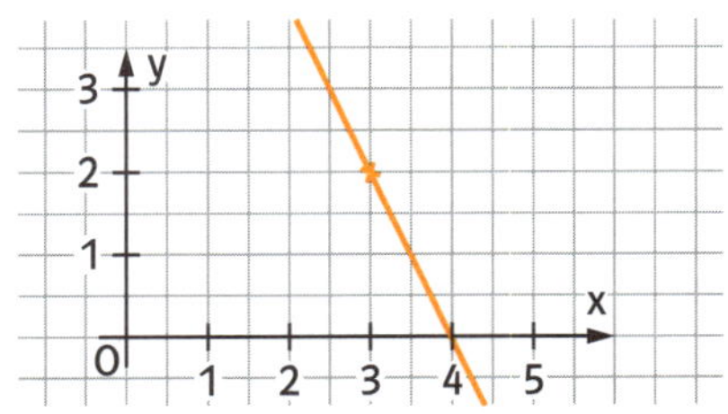


P(3 | ___) und Q(4 | ___) liegen auf g.

m = ______ = ____

b = ____ – ____ · 3 = ____

Da $0{,}5 = -\frac{1}{\square}$ beziehungsweise

0,5 · ____ = –1 ist, gilt $g \perp f$.

## Lineare Gleichungen

Die grafische Lösung der linearen Gleichung $ax + b = c$ ist der _ _ _ _ _ _ _ _ _ _ _ _ _ des Funktionsgraphen von $f: x \to ax + b$ und einer Parallelen zur x-Achse durch den Punkt $(0 \mid c)$.
Es ist die Stelle x, an der f den _ _ _ _ _ _ _ _ _ _ _ _ _ c liefert.
Ist $c = 0$, so stellt der Schnittpunkt des Funktionsgraphen von f mit der _-_ _ _ _ _ die Lösung dar, also die Nullstelle der Funktion f.
Die rechnerische Lösung erhält man durch Äquivalenzumformungen.

■ Löse die lineare Gleichung $-0{,}75x + 3 = 1{,}5$ grafisch.

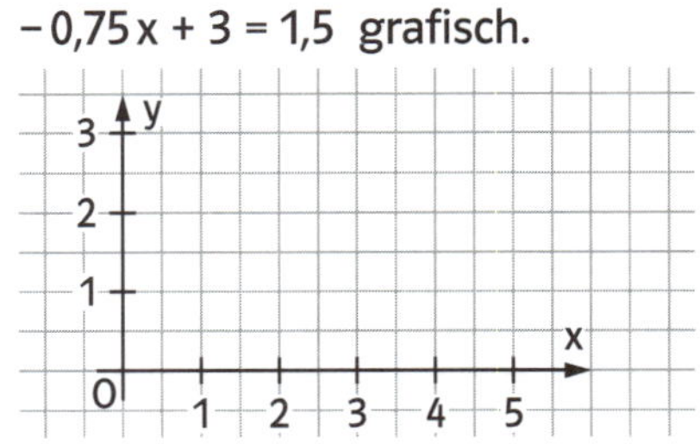


Die Lösung ist die Stelle x = ____ .

## Lineare Ungleichungen

Die Lösungen einer linearen Ungleichung, wie $ax + b < c$ sind alle die Stellen von x, an denen der Funktionswert von $f(x) = ax + b$ _ _ _ _ _ _ _ als c ist. Ungleichungen werden genauso gelöst wie normale Gleichungen. Im Zuge einer Äquivalenzumformung muss das _ _ _ _ _ _ _ _ _ _ _ _ _ _ _ _ _ bei der Multiplikation mit einer negativen Zahl bzw. bei der Division durch eine negative Zahl umgedreht werden. Die Lösungen einer Ungleichung gibt man als Lösungsmenge L an.

■ Löse: $24 - 8x > -8$ | ____

________ | ____

________

L = {____ | ______}

Markiere L am Zahlenstrahl.

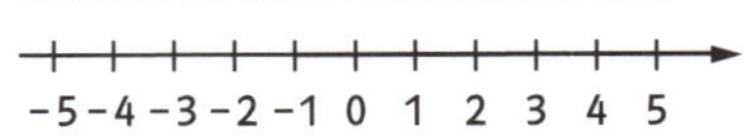

**1** a) Konstruiere die Tangente durch den Punkt A und durch den Punkt B. Benenne den Schnittpunkt der beiden Tangenten mit S.
b) Erkläre, warum das Viereck ASBM ein Quadrat sein muss.

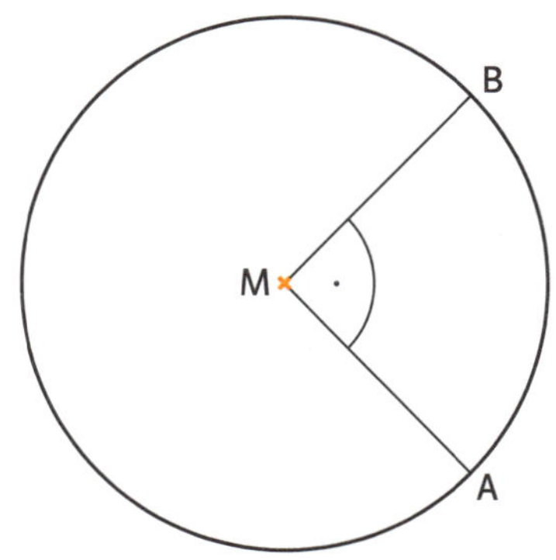


**2** a) Zeichne mit dem Geodreieck die beiden Tangenten durch den Punkt A und durch den Punkt B. Welche beiden Winkelgrößen bilden sich beim Schnittpunkt S der beiden Tangenten?

b) Wäre der Winkel ∢ AMB 80° groß, dann hätte der Winkel ∢ ASB eine Größe von ________°.

c) Hätte der Winkel ∢ ASB eine Größe von 50°, dann wäre der Winkel ∢ AMB ________° groß.

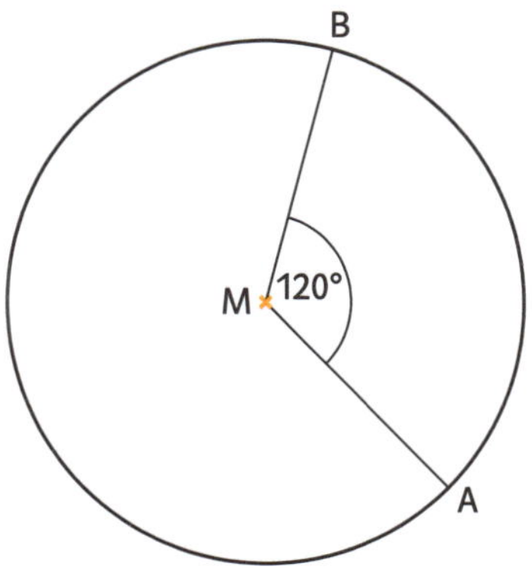


**3** Bitte das Richtige ankreuzen und Lücken ausfüllen.
a) Zeichnet man an einen Kreis zwei beliebige Tangenten, so entsteht ☐ oftmals ☐ immer ein aus den Eckpunkten ASBM bestehendes Viereck (siehe oben). Dieses Viereck ist dann immer ein ________________.

b) Zwei Tangenten schneiden sich ☐ mindestens ☐ genau ☐ höchstens einmal.

c) Zu einer Sekante gibt es an demselben Kreis genau ☐ zwei ☐ eine ☐ keine parallele Tangente.

d) Zu einer Sekante gibt es zu demselben Kreis ☐ mehrere ☐ eine ☐ keine parallele Passante.

e) Zu einer Tangente gibt es an demselben Kreis ☐ mehrere ☐ eine ☐ keine parallele Tangente.

f) Die Mittelsenkrechte zu zwei Kreispunkten geht immer durch den ________________________.

**4** Konstruiere zur Geraden g drei Kreise so, dass die Gerade Tangente eines Kreises, Sekante zum zweiten und beim dritten Passante ist.

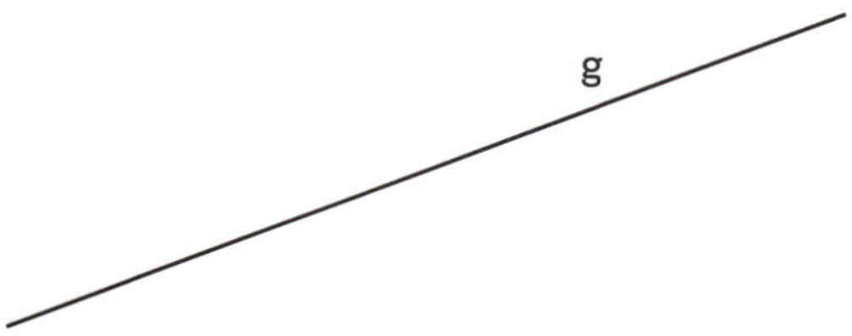


**5** Gegeben sind die beiden Tangenten d und t (d || t) des Kreises k. Konstruiere einen möglichen Kreismittelpunkt M von k und zeichne dann den Kreis k.

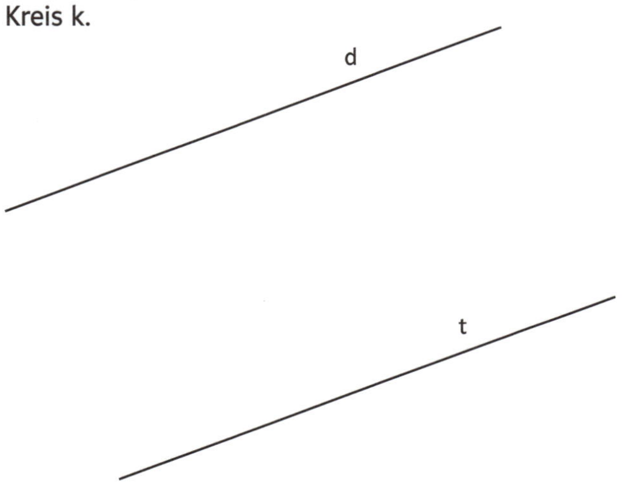

**1** Markiere zunächst in der Planfigur die bekannten Stücke. Konstruiere dann das Dreieck.

a) $b = 6\,\text{cm}$;
$\beta = 90°$;
$h_b = 2\,\text{cm}$

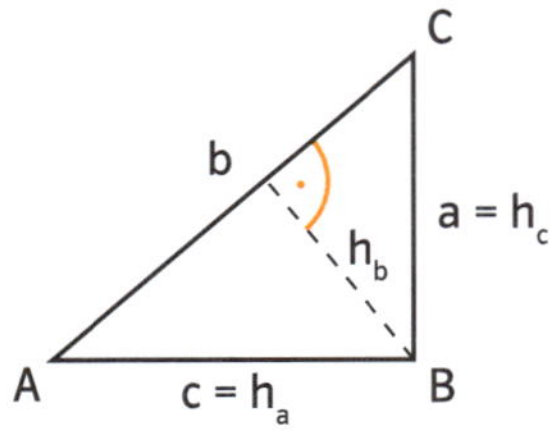


b) $c = 4{,}5\,\text{cm}$;
$\gamma = 90°$;
$h_c = 1{,}5\,\text{cm}$

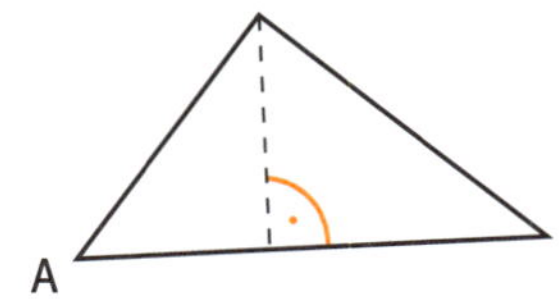

c) Die Konstruktionsbeschreibungen sind durcheinander geraten. Ordne die Sätze der passenden Teilaufgabe (a oder b) zu. Notiere auch die Reihenfolge der Arbeitsschritte (1–6).

- b 6 — Zeichne die Höhe $h_c$ ein.
- ___ — Konstruiere zu c eine Parallele mit dem Abstand von 1,5 cm.
- ___ — Zeichne den Thaleskreis über c.
- ___ — Konstruiere zu $\overline{AB}$ die Mittelsenkrechte $m_c$.
- ___ — B ist ein Schnittpunkt von Thaleskreis und Parallele.
- ___ — Zeichne den Thaleskreis über b.
- ___ — Konstruiere zu b eine Parallele mit dem Abstand von 2 cm.
- ___ — Konstruiere zu $\overline{AC}$ die Mittelsenkrechte $m_b$.
- a 6 — Zeichne die Höhe $h_b$ ein.
- ___ — C ist ein Schnittpunkt von Thaleskreis und Parallele.
- ___ — Zeichne $c = \overline{AB}$ mit der Länge 4,5 cm.
- ___ — Zeichne $b = \overline{AC}$ mit der Länge 6 cm.

**2** a) Zeichne das Dreieck ABC und konstruiere dabei die Punkte E und C. Die Strecke $\overline{AB}$ ist 4 cm lang. Berechne β und γ.

$\beta$ = ______

$\gamma$ = ______

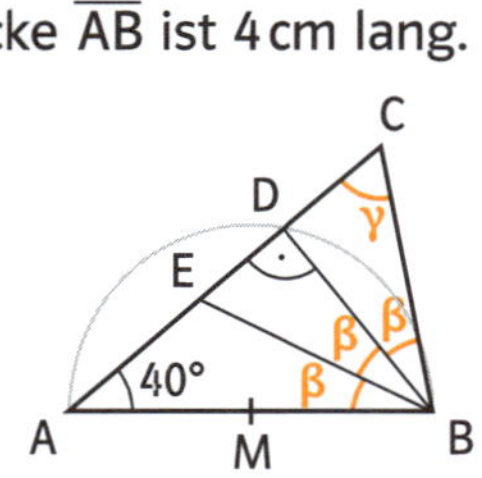


b) Berechne α. Konstruiere dann in Originalgröße.

$\alpha$ = ______

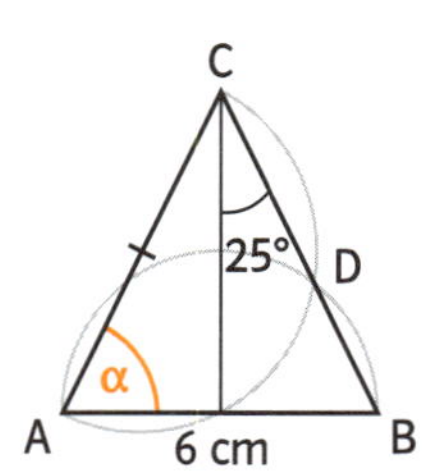

# Umfang eines Kreises

**1** Tim hat bei einigen zylinderförmigen Gegenständen (Dose, Anspitzer, Litfaßsäule) den Durchmesser gemessen. Bestimme den Umfang.

a) Durchmesser 9 cm
Umfang:
3,14 · 9 cm = ____________
____________

b) Durchmesser 3 cm
Umfang:
____________ =
____________

c) Durchmesser 1,5 m
Umfang:
____________ =
____________

**2** Berechne zu den abgebildeten Kreisen zunächst den Umfang und zeichne dann eine Strecke, die so lang ist wie der berechnete Umfang des Kreises.

$U = \pi \cdot d$ oder
$U = 2\pi r$

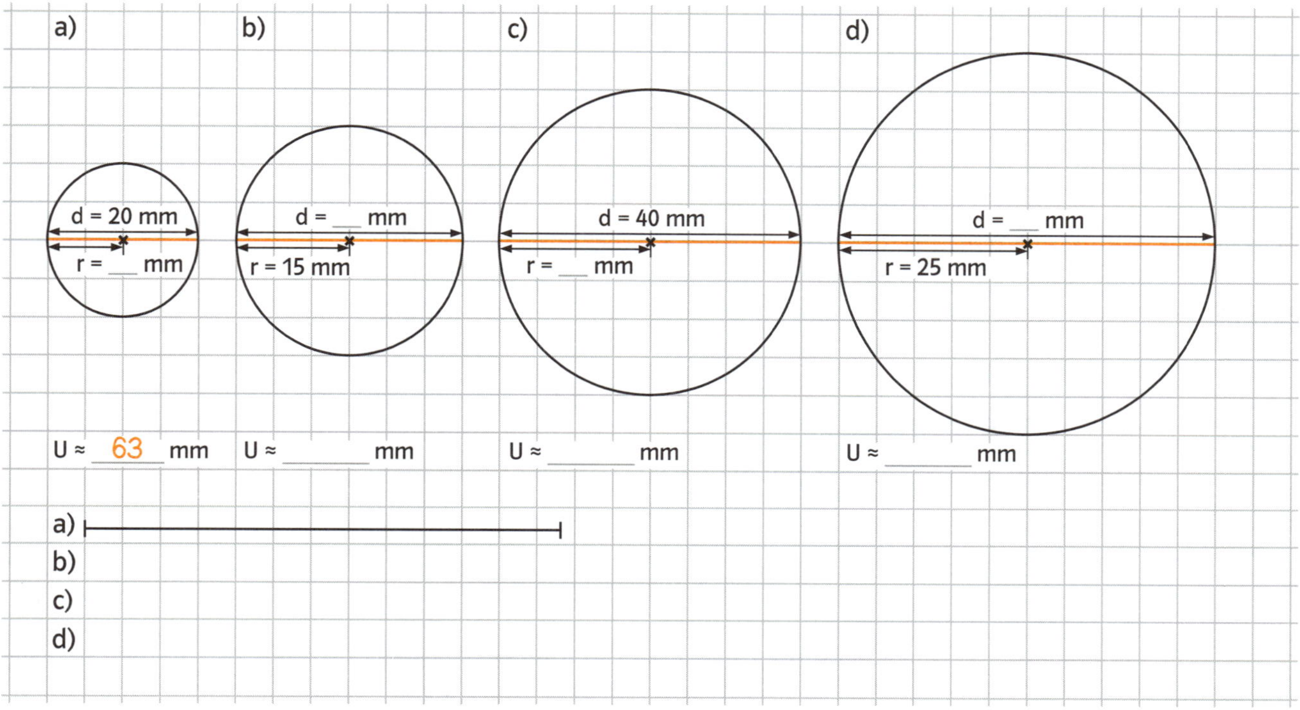


**3** Die Pizzeria „Toscana" wirbt mit einer Maxipizza, die einen Umfang von 1 Meter haben soll. Sabine glaubt nicht, dass es eine so große Pizza gibt und berechnet den Durchmesser der Pizza: 100 cm : 3,14 = ____________ cm.

Die Jumbo-Pizza mit einem Durchmesser von 36 cm hat sogar einen Umfang von 3,14 · 36 cm = ____________ cm = ____________ m.

**4** Der Umfang der Erde (gemessen z. B. am Äquator) ist ungefähr 40 000 km lang. Den Durchmesser der Erde kann man dann so berechnen:
40 000 km : 3,14 ≈ 12 738,8535 km =

____________________ m.

Denke dir ein Seil so eng um die Erde gespannt, dass kein einziges Blatt Papier mehr dazwischen passt. Nun soll dieses Seil um 1 Meter verlängert werden, es ist dann 40 000,001 km =

____________________ m lang. Ob man jetzt ein Blatt Papier dazwischen bekommt oder eine Maus darunter durchkriechen kann? Rechne im Heft:

40 000 001 m : 3,14 = ____________________ m.

Antwort: ____________________

____________________

**1** Ergänze die fehlenden Angaben in der Tabelle.

| | a) | b) | c) |
|---|---|---|---|
| Radius | 5 m | | |
| Durchmesser | | 8 km | 1 m |
| Flächeninhalt | | | |

**2** Wie groß ist der Flächeninhalt eines 10-ct-Stücks? Schätze zunächst:

__________ cm$^2$

Miss nun den Durchmesser eines 10-ct-Stücks aus deinem Geldbeutel: ______ mm (Radius: ______ mm)

A ≈ 3,14 · ________$^2$ mm$^2$ = 3,14 · ________ mm$^2$

= ______________ mm$^2$ ≈ __________ cm$^2$.

Hast du gut geschätzt?

______________________________________

**3** Ein Kreis hat den Umfang 50 cm. Wie groß ist sein Flächeninhalt?

Durchmesser: 50 cm : ________ = __________ cm

≈ ______ cm (runde auf cm).

Radius: ________ cm

Flächeninhalt: 3,14 · ______$^2$ cm$^2$ = __________ cm$^2$

≈ __________ cm$^2$ (Runde auf cm$^2$.)

**4** Welches Angebot ist günstiger? In einer Pizzeria in Stockholm gibt es verschieden große (aber gleich dicke) Pizzas. Eine Pizza mit dem Durchmesser 30 cm kostet 30 Kronen, eine Pizza mit dem Durchmesser 40 cm kostet 40 Kronen.

Fläche der kleinen Pizza: 3,14 · ________$^2$ cm$^2$ = ______________ cm$^2$ für 30 Kronen

Für eine Krone bekommt man also ______________ cm$^2$ : 30 = ______________ cm$^2$.

Fläche der großen Pizza: 3,14 · __________$^2$ cm$^2$ = ______________ cm$^2$ für 40 Kronen

Für eine Krone bekommt man also ______________________________________.

Die ______________________________ Pizza ist daher das bessere Angebot.

**5** Tanja findet in einem Backbuch ein Rezept für einen Tortenboden für eine Springform mit einem Durchmesser von 20 cm. Da sie acht ihrer Freundinnen zum Kaffee eingeladen hat, möchte sie das Rezept für eine Springform mit einem Durchmesser von 28 cm abändern. Wie muss sie die Mengenangaben verändern? Du kannst ihr sicher helfen.

- 75 g Mehl
- 30 g Margarine
- 1 Eigelb
- 25 g Zucker

Die 20-cm-Springform hat einen Radius von ______ cm, also beträgt der Flächeninhalt des Bodens A = π · ______$^2$ cm$^2$ ≈ 3,14 · ________ cm$^2$ = ________ cm$^2$. Die 28-cm-Springform hat einen Radius von ______ cm und der Boden entsprechend einen Flächeninhalt von A = π · ______$^2$ cm$^2$ ≈ 3,14 · ________ cm$^2$ = ________ cm$^2$. Der Flächeninhalt der großen Springform ist ungefähr ____________________ so groß wie der Flächeninhalt der kleinen Form, Tanja muss die Mengenangaben also einfach ____________________________.

**6** Ein Lochverstärkungsring hat einen äußeren Durchmesser von 13 mm. Wie groß ist seine Fläche, wenn der Radius des Lochs halb so groß ist wie der äußere Radius?

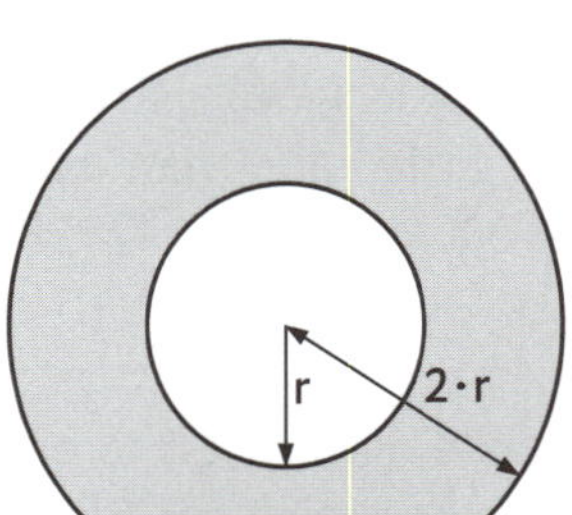


Äußerer Radius: ________ mm, innerer Radius: ____________ mm.

Flächeninhalt (mit Loch) ≈ 3,14 · __________$^2$ mm$^2$ = ______________ mm$^2$

Flächeninhalt des Lochs ≈ 3,14 · __________$^2$ mm$^2$ = ______________ mm$^2$.

Differenz: ________________ mm$^2$

# Kreisausschnitt und Kreisbogen

**1** Bestimme jeweils die Länge des Kreisbogens und die Fläche des Kreisausschnittes.

a) r = 5 cm; α = 80°

$b = \frac{80°}{360°} \cdot 2 \cdot \pi \cdot 5\,\text{cm}$

b = ____________

$A = \frac{\square}{360°} \cdot \pi \cdot (\square)^2$

A = ____________

b) r = 3,5 cm; α = 63°

b = ____________

b = ____________

A = ____________

A = ____________

c) d = 5 cm; α = 40°

b = ____________

b = ____________

A = ____________

A = ____________

**2** Berechne die fehlenden Größen der Kreisausschnitte.

| | a) | b) | c) | d) | e) |
|---|---|---|---|---|---|
| Mittelpunktswinkel α | 60° | 75° | 200° | 150° | 110° |
| Radius r | 4 cm | | | | |
| Durchmesser d | | 14 m | | | |
| Bogenlänge b | | | 370 dm | | |
| Flächeninhalt A | | | | 2094,4 mm² | |
| Umfang U | | | | | 19,6 km |

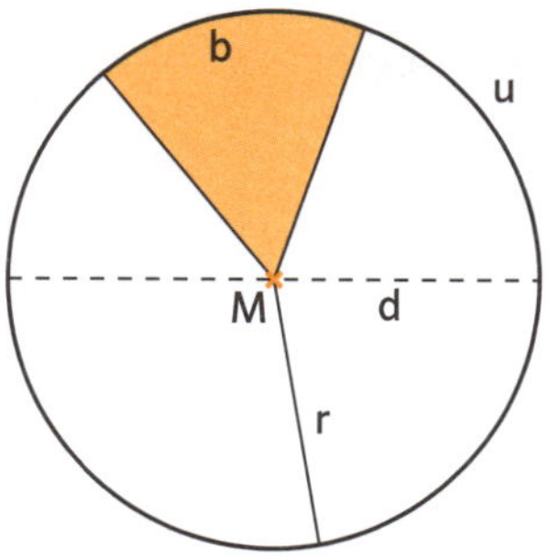


**3** Bestimme jeweils den zugehörigen Mittelpunktswinkel α sowie den Flächeninhalt A bzw. Bogenlänge b.

a) r = 8 cm; b = 5 cm

$\alpha = \frac{5\,\text{cm} \cdot 360°}{2 \cdot \pi \cdot 8\,\text{cm}}$

α = ____________

$A = \frac{\square}{360°} \cdot \pi \cdot (\square)^2$

A = ____________

b) r = 6,5 dm; A = 10 dm²

$\alpha = \frac{\square \cdot 360°}{\pi \cdot (\square)^2}$

α = ____________

$b = \frac{\square}{360°} \cdot 2 \cdot \pi \cdot \square$

b = ____________

c) d = 6 m; b = 9 m

$\alpha = \frac{\square \cdot 360°}{2 \cdot \pi \cdot \square}$

α = ____________

$A = \frac{\square}{360°} \cdot \pi \cdot (\square)^2$

A = ____________

**4** Zeichne die nebenstehende Figur in Originalgröße. Bestimme bzw. berechne den Umfang und den Flächeninhalt der orange gefärbten Figur.

Umfang: ____________

Flächeninhalt: ____________

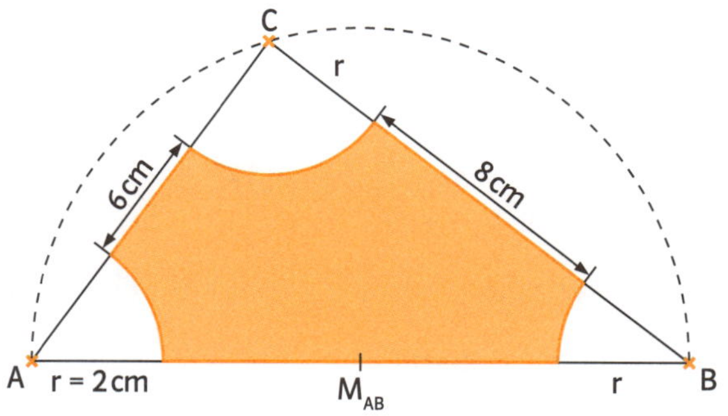

Fülle die Lücken. Für jeden Buchstaben findest du einen Strich. Löse dann die Beispielaufgaben.

### Kreis und Gerade

Eine Gerade, die mit einem Kreis keinen Berührpunkt hat nennt man **Passante** (___), mit genau einem Berührpunkt **Tangente** (___) und mit zwei Berührpunkten **Sekante** (___).

_ _ _ _ _ _ _ _ und Radius bilden einen rechten Winkel.

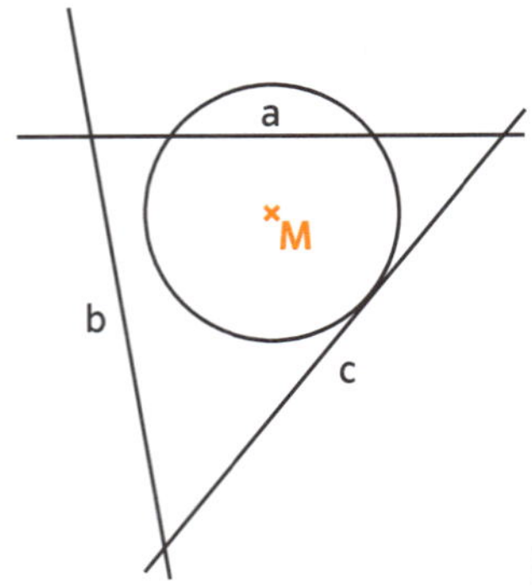


### Tangenten zeichnen

_ _ _ _ _ _ _ den Kreismittelpunkt M an dem Berührpunkt P und zeichne die Strecke $\overline{MM'}$.
Die Mittelsenkrechte der Strecke $\overline{MM'}$ ist die gesuchte Tangente zum Radius MP.

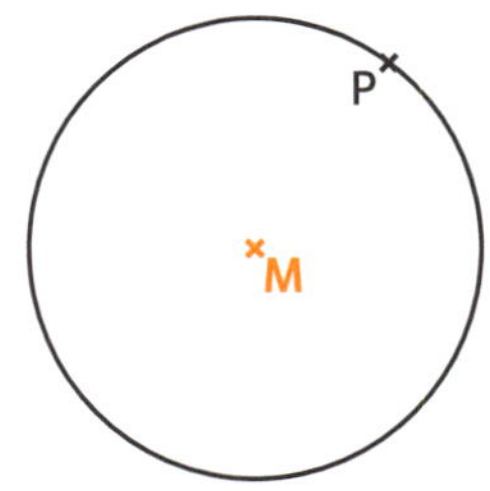


- Überprüfe, ob die Gerade c Tangente ist.
- Konstruiere die Tangente durch den Punkt P.

### Satz des Thales

Der Kreis um den Mittelpunkt einer Strecke $\overline{AB}$ heißt _ _ _ _ _ _ _ _ _ _ _ _. Verbindet man einen von A und B verschiedenen Punkt P, der auf diesem Kreis liegt, mit A und B, so ergibt sich ein

_ _ _ _ _ _ _   _ _ _ _ _ _ _.

Es gilt auch die _ _ _ _ _ _ _ _ _ des Thalessatzes:

Jeder Punkt C eines rechten _ _ _ _ _ _ _ ∢ ACB liegt auf dem Thaleskreis über der Strecke $\overline{AB}$.

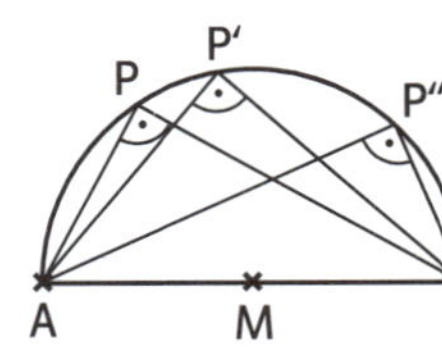


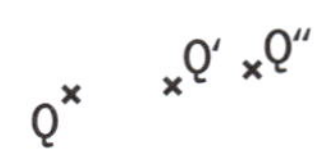


- Welches der Dreiecke ist rechtwinklig?

☐ ABQ ☐ ABQ' ☐ ABQ''

### Umfang und Flächeninhalt des Kreises

Den Flächeninhalt eines Kreises erhält man, wenn man den _ _ _ _ _ _ quadriert und mit der

_ _ _ _ _ _ _ _ _ π multipliziert.
Der Wert von π ist ungefähr 3,14.
Flächeninhalt $A = \pi \cdot r^2$

Der Umfang eines Kreises ergibt sich als Produkt der Kreiszahl π mit dem _ _ _ _ _ _ _ _ _ _ _.
Umfang $U = \pi \cdot d = \pi \cdot 2 \cdot r$

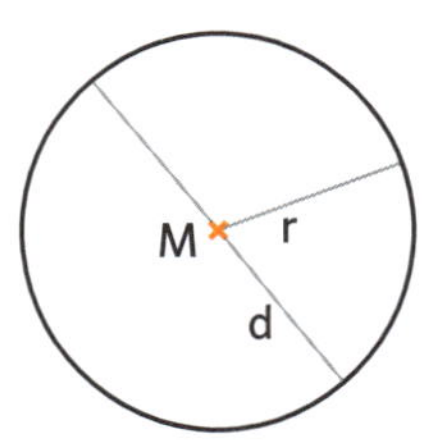


d = 6 cm, r = ________

A = ________________

U = ________________

| | r = 2 cm<br>d = | r =<br>d = 10 cm | r =<br>d = |
|---|---|---|---|
| Fläche A | | | |
| Umfang U | | | 6,28 m |

### Kreisausschnitt und Kreisbogen

Die Fläche eines Kreisausschnittes und die Länge eines Kreisbogens werden anteilig zu dem entsprechenden Vollkreis mit 360° berechnet.
In Abhängigkeit zum

_ _ _ _ _ _ _ _ _ _ _ _ _ _ _ _ _ _ α gilt:

$A = \frac{\alpha}{360} \cdot \pi \cdot r^2$  $b = \frac{\alpha}{360} \cdot 2 \cdot \pi \cdot r$  bzw.  $b = \frac{\alpha}{360} \cdot \pi \cdot d$

- Berechne die Fläche des Kreisausschnittes und die Länge des Kreisbogens.

A = ____________

b = ____________

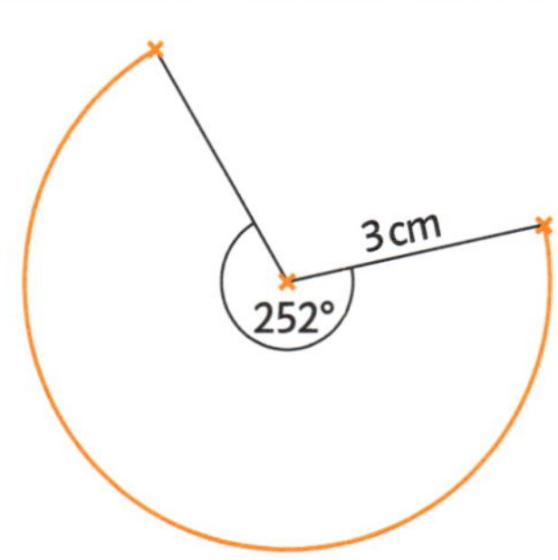

# Prismen und ihre Eigenschaften (1)

**1** Kreuze an, welche der Körper gerade Prismen sind.

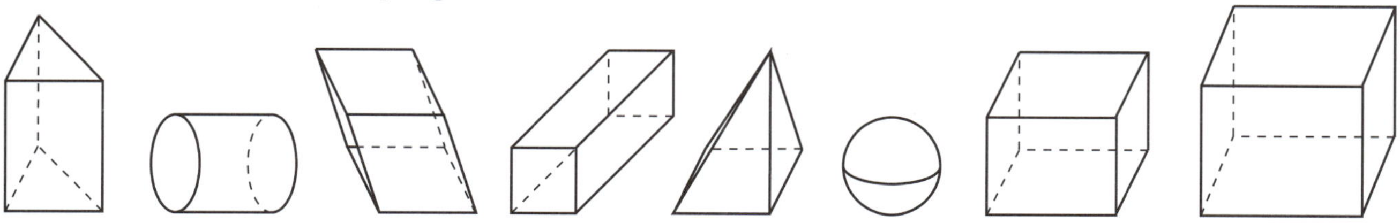

A☐ B☐ C☐ D☐ E☐ F☐ G☐ H☐

**2** a) Färbe die Deckflächen und den sichtbaren Mantel mit unterschiedlichen Farben.
b) Bestimme die Anzahl der Ecken, Kanten und Flächen. Schreibe zu jedem Bild, welche Grundfläche das Prisma hat. Notiere alles in der Tabelle.

A B C D

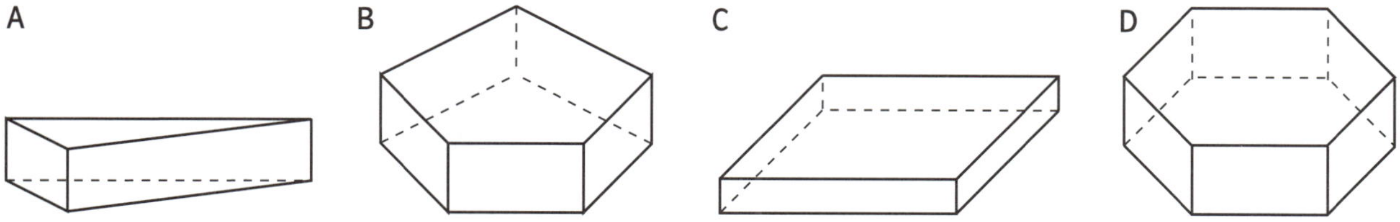

| Körper | Grundfläche | Name des Prismas | Anzahl der | | |
|---|---|---|---|---|---|
| | | | Ecken | Kanten | Flächen |
| A | Dreieck | Dreiecksprisma | 6 | 9 | 5 |
| B | | | | | |
| C | | | | | |
| D | | | | | |

c) Hat die Grundfläche eines Prismas n Ecken, so besitzt das Prisma ________ Ecken. Die Anzahl der Kanten ist ________ . Die Anzahl der Flächen beträgt ________ , da zu den Mantelflächen noch eine Deckfläche und eine Grundfläche gezählt werden müssen.

**3** Kreuze an, welches Prisma in zwei Prismen zerlegt wurde.

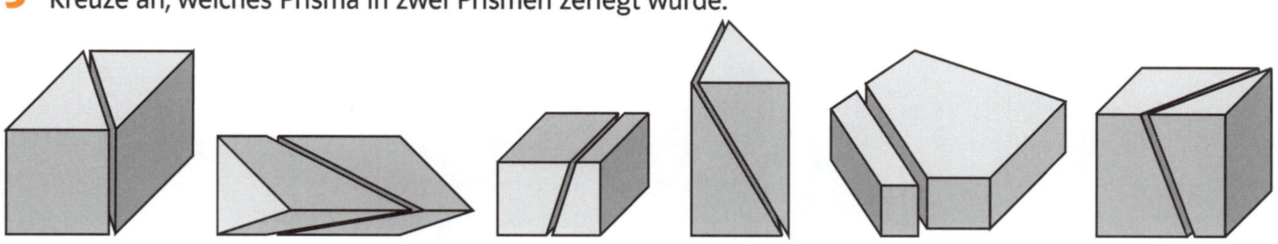

A☐ B☐ C☐ D☐ E☐ F☐

**4** Zwei Prismen sind in ihre einzelnen Flächen zerlegt worden. Färbe alle Flächen des Prismas in einer Farbe. Vier Flächen bleiben übrig.

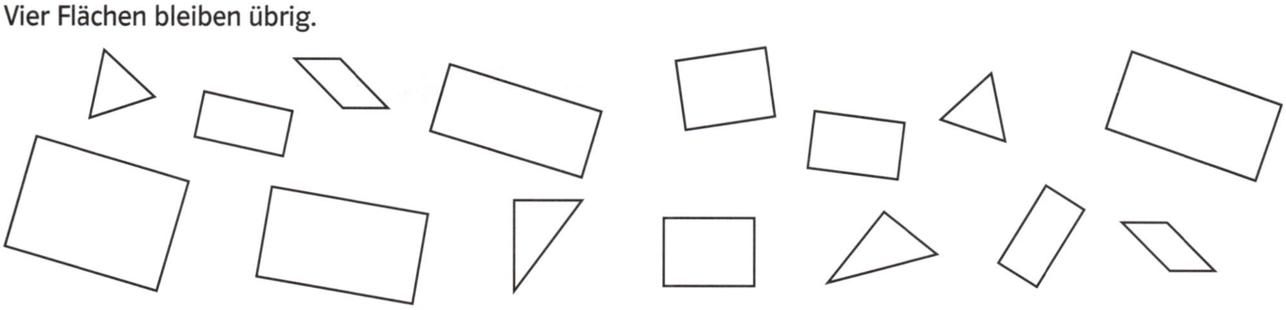

**1** Samirs Vater möchte sich ein Frühbeet bauen. Das Dach soll aus Plexiglas, der Rand aus Holz sein. Der Kasten soll keinen Boden besitzen.

a) Berechne, wie viel Plexiglas für das Dach benötigt wird.

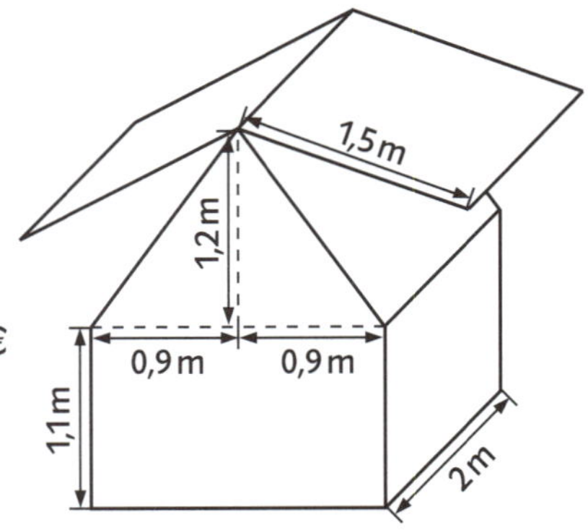


$A_{Dach}$ = ______________________________ $m^2$

b) Das Plexiglas (4 mm stark) kostet 29,75 € pro Quadratmeter.

Kosten Dach: ______________________________ €

c) Der Rand des Frühbeetes wird aus zwei Rechtecken und zwei Fünfecken gebildet. Kennzeichne die Flächen in der Zeichnung.
Berechne, wie viel Holz Samirs Vater mindestens kaufen muss.

$A_{Rechteck}$ = ______________ = __________ $m^2$

$A_{Fünfeck}$ = ______________________________ $m^2$

$A_{Rand} = 2 \cdot (A_{Rechteck} + A_{Fünfeck})$ = __________ $m^2$

d) Samirs Vater kauft 2,50 m hohe Seekiefer-Sperrholzplatten im Baumarkt. Zeichne die Kanten ein, die er zu Hause noch sägen muss.

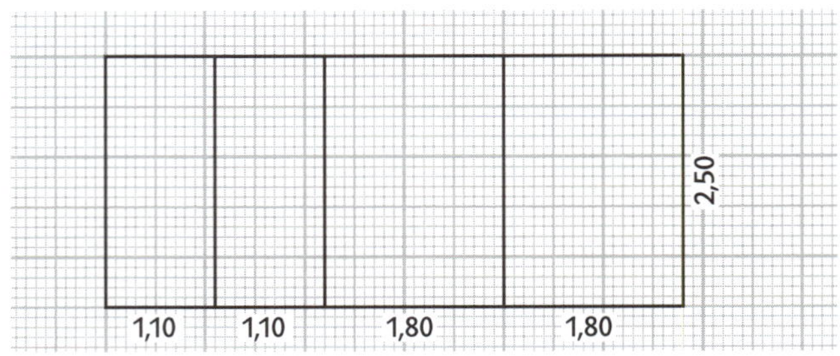


e) Die Holzplatten kosten 15,00 € pro Quadratmeter.

Fläche = ______________________ $m^2$

Preis = ______________________ €

**2** Abgebildet ist die Grundfläche eines maßstäblich verkleinerten Prismas. Die Körperhöhe des Prismas beträgt 4 cm. Vervollständige das Netz des Prismas und berechne die Oberfläche.

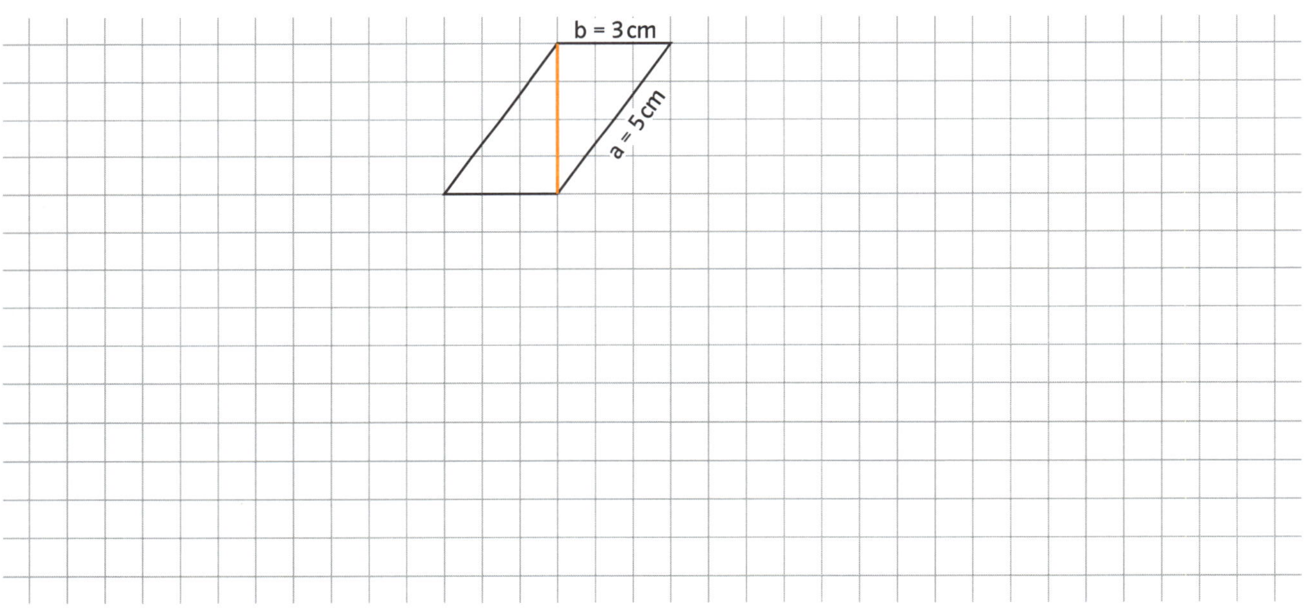


**3** Berechne die fehlenden Größen des Prismas.

| | Umfang | Höhe Prisma | Grundfläche | Mantelfläche | Oberfläche |
|---|---|---|---|---|---|
| a) | 18 m | 3 m | 20 $m^2$ | | |
| b) | 100 cm | | | 1400 $cm^2$ | 2600 $cm^2$ |
| c) | 30 dm | | 43,30 $dm^2$ | 570 $dm^2$ | |
| d) | | 11 cm | 54,25 $cm^2$ | | 437,40 $cm^2$ |

**1** a) Berechne das Volumen des Prismas.

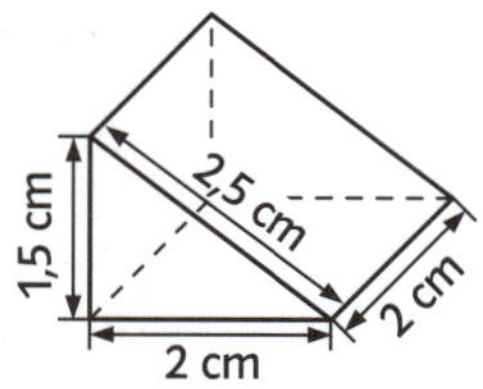


Grundfläche $A_G$

= ________

Volumen V:

= ________

= ________

b) Berechne die Oberfläche des Prismas.

Grundfläche $A_G$ = ________

Mantelfläche M = ________

________

Oberfläche O = ________

________

**2** Berechne Oberfläche und Volumen der abgebildeten Prismen.

a)

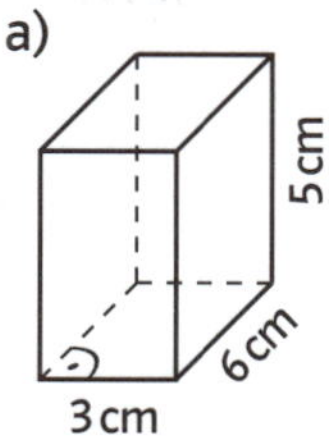


b)

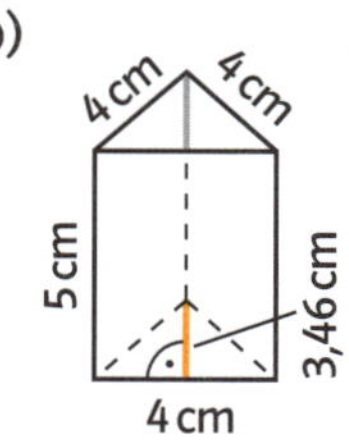


c)

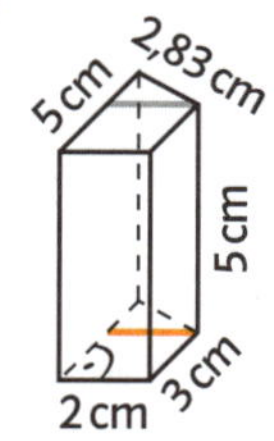


a) O = ________

V = ________

b) O = ________

V = ________

c) O = ________

V = ________

**3** Berechne die Größe der Oberfläche und das Volumen eines Prismas, das 12 dm hoch ist und die abgebildete Grundfläche hat.

a)

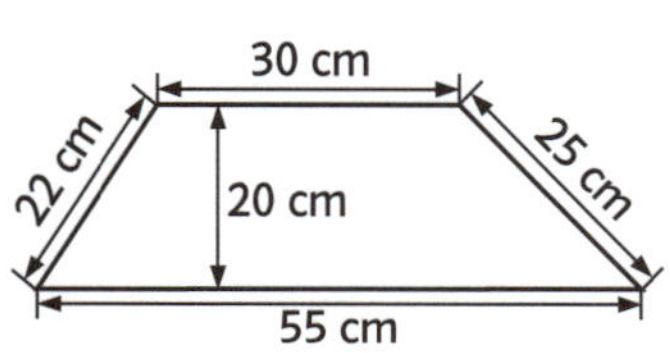


b)

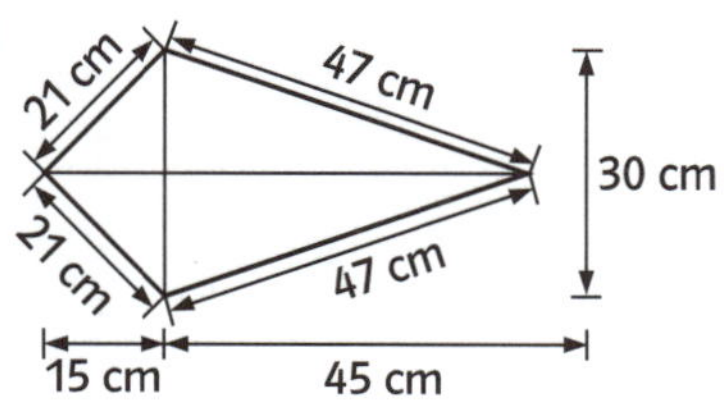


O = ________

V = ________

O = ________

V = ________

**4** a) Wie viel Wachs wird zum Gießen dieser Kerzen benötigt?

A

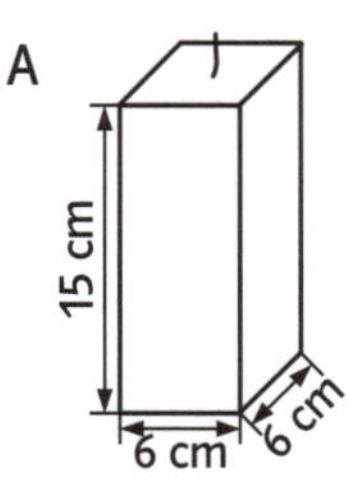


B

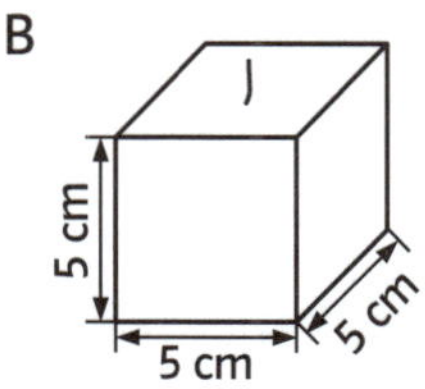


C

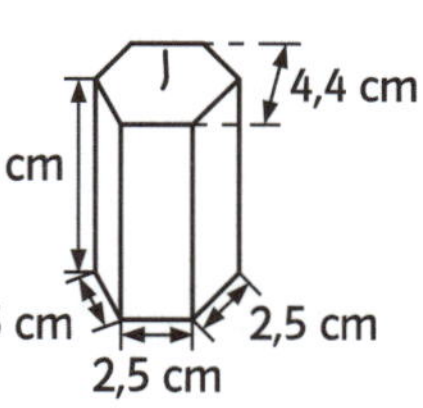


V = ________

________

V = ________

________

$A_G$ = $6 \cdot A_{Dreieck}$ =

= ________

= ________

V = ________

b) Die weißen Rohkerzen erhalten durch ein Tauchbad einen 0,5 mm dicken farbigen Wachsüberzug. Berechne die Oberfläche der Kerzen vor dem Eintauchen.

O = ________

________

O = ________

________

O = ________

________

c) Wie viel Liter weißes und farbiges Wachs werden bei der Produktion von 1000 Würfelkerzen (B) verbraucht?

$V_{weißes\ Wachs}$ = ________

$V_{farbiges\ Wachs}$ = ________

$1\,l = 1\,dm^3$
$1\,ml = 1\,cm^3$

**1** Male die Grundfläche des Prismas an. Berechne die Grundfläche und das Volumen der Steinbank und der Skulptur.

a) $A_G$ = ______

= ______

V = ______

b) $A_G$ = ______

= ______

V = ______

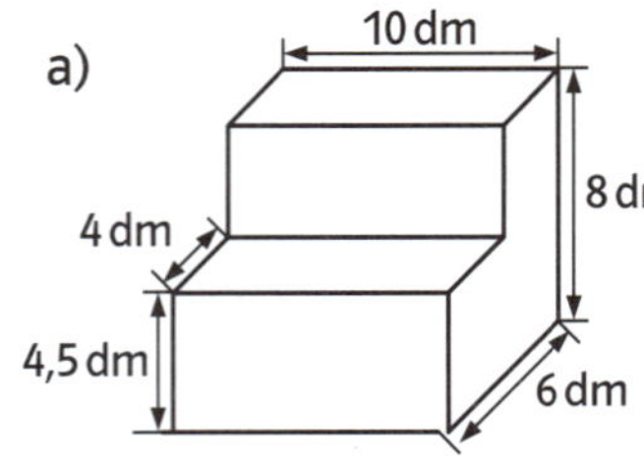


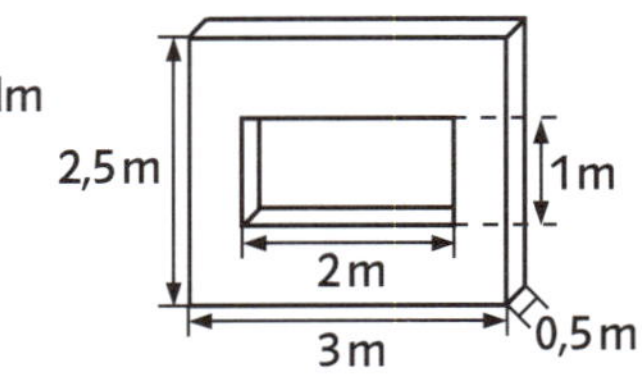


**2** Berechne bei den Häusern die Größe des umbauten Raums ohne Berücksichtigung des Mauerwerks.

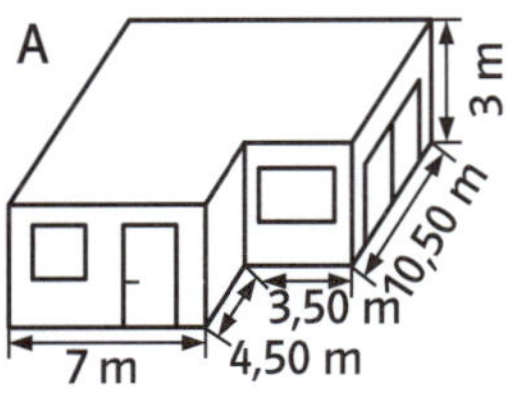


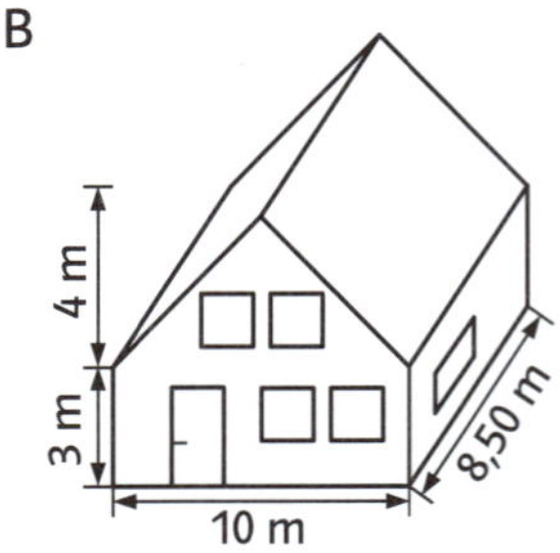


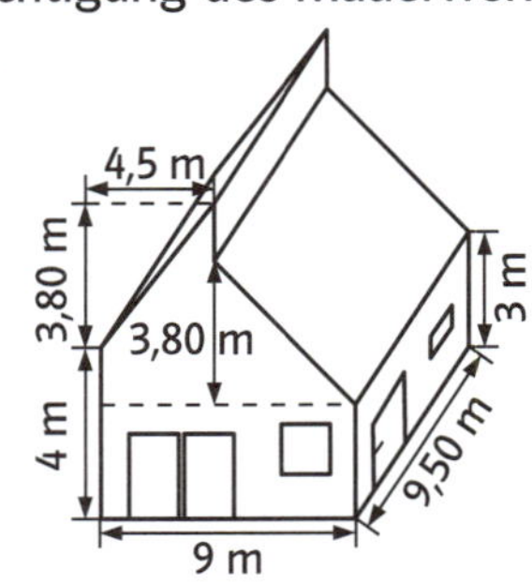


V = ______ V = ______ V = ______

**3** Silvia verteilt die Eisschokolade aus dem achtseitigen Saftkrug auf acht Gläser. Der Krug ist innen 20,3 cm hoch und bis 1,3 cm unter den Rand gefüllt.

a) Wie hoch ist ein Glas gefüllt?

$A_{Krugboden}$ = ______

$V_{Getränk\ im\ Krug}$ = ______

$V_{Getränk\ pro\ Glas}$ = ______

$A_{Glasboden}$ = ______

= ______

Höhe h des Getränks im Glas: h = ______

Das Getränk steht ungefähr ______ hoch im Glas.

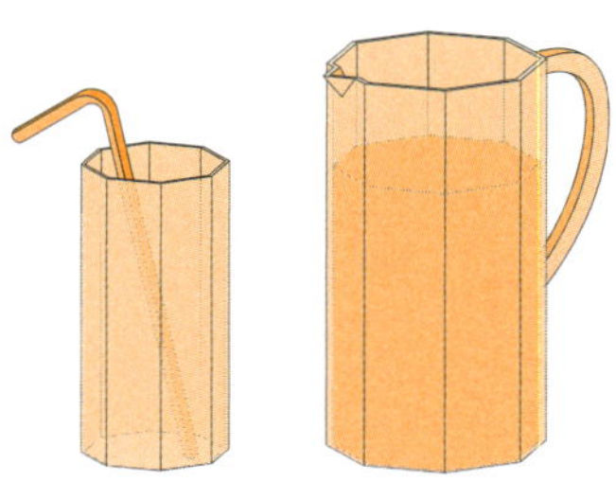

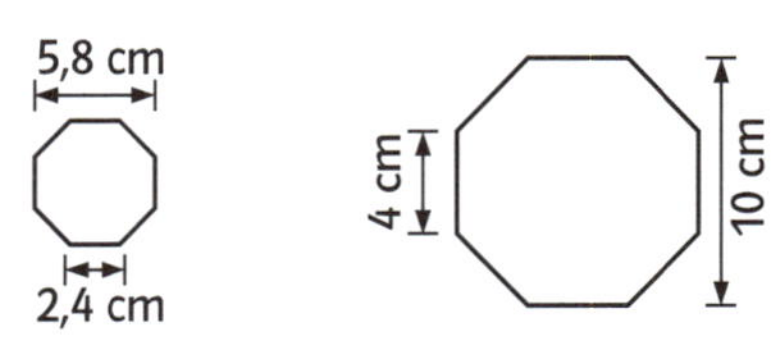


b) Silvia will in jedes Glas zwei Kugeln Vanilleeis hineingeben. Von ihrer letzten Party weiß sie, dass sie aus einer großen Packung Eis (1400 ml) 20 Kugeln erhält. Die Gläser sind innen 13 cm hoch. Kann sie die Eiskugeln einfüllen, ohne dass die Eisschokolade überläuft?

$V_{Eiskugel}$ = ______

$V_{Eis\ und\ Getränk}$ = ______

$V_{Glas}$ = ______

Wenn sie zwei Eiskugeln in die Eisschokolade gibt, läuft die Eisschokolade ______.

**1** Von einem Kreiszylinder sind einige Werte gegeben. Berechne die fehlenden Werte.

| | r | d | h | G | M | O | V |
|---|---|---|---|---|---|---|---|
| a) | 3 cm | | 4 cm | | | | |
| b) | | 14 cm | 2 cm | | | | |
| c) | | | 6 cm | | 56,55 cm² | | |
| d) | | | 15 cm | 314,16 cm² | | | 4712,39 cm³ |
| e) | 12 cm | | | 452,39 cm² | | | 9047,79 cm³ |

**2** Bei einer Großbaustelle wird die Betonsohle mit zylindrischen Pfählen gesichert, die über die gesamte Fläche eingebracht werden. Jeder der 204 Pfähle hat einen Durchmesser von 63,5 mm und eine Länge von 6 m.

a) Das Volumen eines Pfahls ist $V = \pi \cdot r^2 \cdot h$.

V ≈ ______________________________ $m^3$

b) Alle Pfähle haben ein Gesamtvolumen von V = ______________________________ $m^3$.

c) Ein gewöhnlicher Betonmischer kann mit einer Fuhre 8 $m^3$ Beton transportieren. Zu Beginn der Arbeiten ist das Fahrzeug bereits zu 60 % leer. Reicht die Füllung, um alle Pfähle mit Beton zu füllen?

______________________________

**3** Eine zylinderförmige Ananasdose mit einem Inhalt von 580 ml hat einen Durchmesser von 8,5 cm.

1ml = 1cm³

a) Berechne die Höhe und die Oberfläche der Dose.

V = ____________ Formel nach h umstellen: ____________

V = 580 ml = ____________ $cm^3$ h = ______________________________

O = ______________________________

b) Die Dose soll mit einer Banderole aus Papier umklebt werden. Der Klebefalz soll 1 cm betragen. Gib die Maße und die Fläche der Banderole an.

**4** Ein Litermaß hat einen Innendurchmesser von 10 cm und eine Innenhöhe von 15 cm.

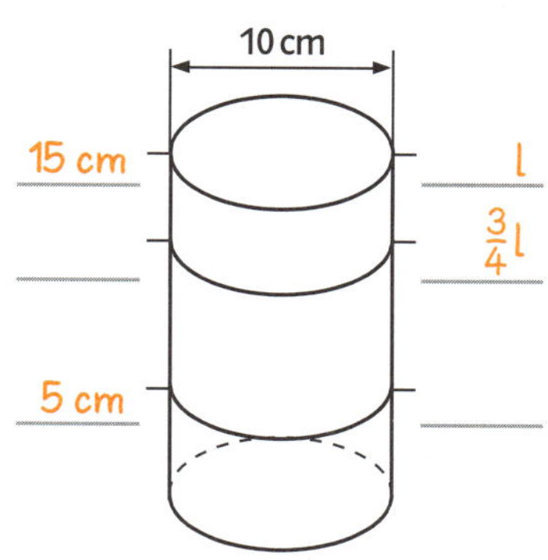


a) Wie viel Liter Wasser enthält das Litermaß, wenn man es bis zum Rand füllt? ______________________________

b) Wie hoch steht das Wasser bei den anderen Markierungen?

Wie viel Liter sind das? ______________________________

Beschrifte das Litermaß auf beiden Seiten mit gerundeten Werten.

Fülle die Lücken. Für jeden Buchstaben findest du einen Strich. Löse dann die Beispielaufgaben.

## Prisma

Beim Prisma sind _ _ _ _ _ fläche und _ _ _ _ fläche kongruente, das bedeutet _ _ _ _ _ _ _ _ _ _ _ _ _ _ _ _ Vielecke.

Die Mantelfläche besteht aus _ _ _ _ _ _ _ _ _ _ _.

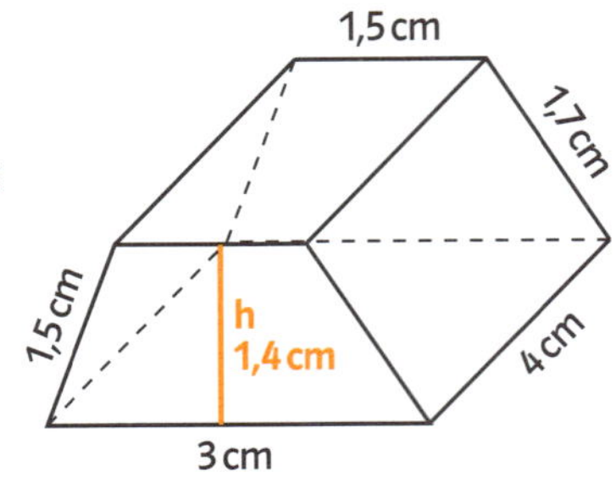


Betrachte das Prisma.

- Färbe alle Kanten des Umfangs der Grundfläche in einer Farbe ein.
- Färbe die Körperhöhe mit einer anderen Farbe.
- Es handelt sich um ein _ _ _ _ _ _ _ _ _ _ _ _ _.

## Oberflächeninhalt eines Prismas

Der Oberflächeninhalt eines Prismas ist die _ _ _ _ _ aus der doppelten Grundfläche G und der Mantelfläche M.

O = ________

- Berechne den Oberflächeninhalt des Trapezprismas.

Mantelfläche M = ______ $cm^2$

Grundfläche G = ______ $cm^2$

Oberfläche O = ______ $cm^2$

## Volumen eines Prismas

Das Volumen eines Prismas berechnet sich aus dem _ _ _ _ _ _ _ aus Grundfläche G und Körperhöhe h.

V = ______

- Berechne das Volumen des oben abgebildeten Prismas.

V = ______ $cm^2$ · ______ cm

= ______ $cm^3$

## Zusammengesetzte Körper

Bei zusammengesetzten Körpern muss man für die Volumenberechnung die einzelnen Volumen der Teilkörper addieren oder subtrahieren.

$V = V_1 + V_2$ $\qquad$ $V = V_1 - V_2$

Den Oberflächeninhalt des zusammengesetzten Körpers berechnet man durch _ _ _ _ _ _ _ _ _ _ der äußeren Einzelflächen.

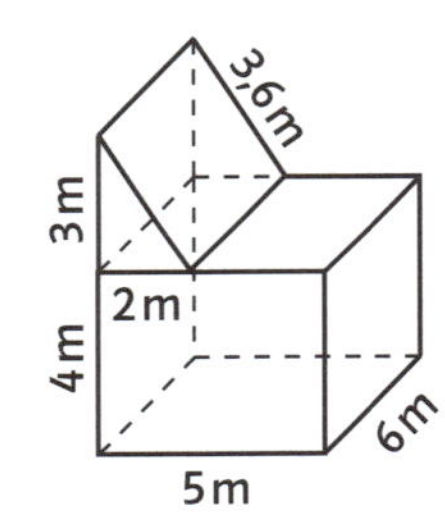


- Berechne den Körper.

Quader:

O = ______ $m^2$ V = ______ $m^3$

Dreiecksprisma:

O = ______ $m^2$ V = ______ $m^3$

Zusammengesetzter Körper:

O = ______ $m^2$ V = ______ $m^3$

## Oberflächeninhalt eines Zylinders

Ein Zylinder besitzt zwei zueinander parallele und kongruente Kreisflächen als Grundflächen. Die rechteckige Mantelfläche eines Zylinders berechnet sich aus dem _ _ _ _ _ _ _ des Kreisumfangs und der Zylinderhöhe h.

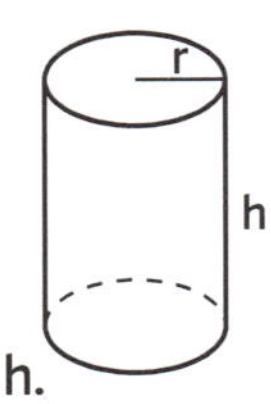


$M = U \cdot h = 2 \cdot \pi \cdot r \cdot h$

Der Oberflächeninhalt eines Zylinders setzt sich aus der Mantelfläche M und dem Doppelten der Grundfläche G zusammen.

$O = 2 \cdot G + M = 2 \cdot \pi \cdot r^2 + 2 \cdot \pi \cdot r \cdot h = 2 \cdot \pi \cdot r \cdot (r + h)$

- Berechne den Oberflächeninhalt des Zylinders.

r = 4 cm $\qquad$ h = 10 cm

M = ________ $cm^2$

G = ________ $cm^2$

O = ________ $cm^2$

## Volumen eines Zylinders

Das Volumen V eines Zylinders berechnet man mit dem Produkt aus der Grundfläche G und der Höhe h.

$V = G \cdot h =$ ________

- Berechne das Volumen des Zylinders.

r = 4 cm $\qquad$ h = 10 cm

V = ________ $cm^3$

**1** Der Intercityexpress (ICE) von Frankfurt nach Paris erreichte im Juni 2007 eine Höchstgeschwindigkeit von 320 km/h (1 km/h ≈ 0,28 m/s).

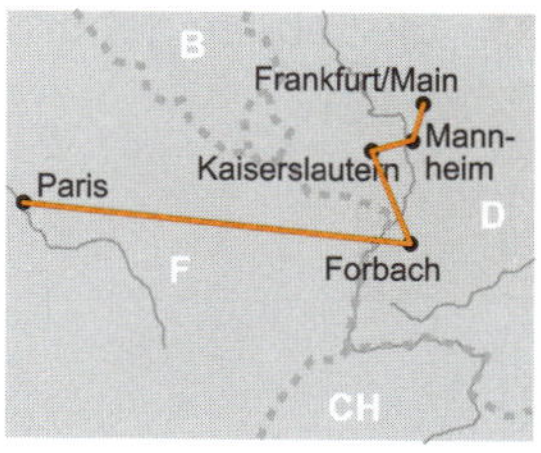


a) Wie viele Meter legt der Zug bei dieser Geschwindigkeit in zwölf Sekunden zurück?

s = ____________________ = ____________________

b) Wie lange braucht der Zug, um eine Strecke von 1000 m zurückzulegen?

t = ____________________ = ____________________

Es gilt: $v = \frac{s}{t}$
s = Weg, v = Geschwindigkeit,
t = Zeit

**2** Formuliere die Aussage in der Wenn … dann … Form.

a) Eine irrationale Zahl lässt sich nicht als Bruch schreiben.

Wenn eine Zahl irrational ist, dann ____________________.

b) Eine durch zwölf teilbare Zahl ist durch drei und vier teilbar.

____________________.

c) Eine lineare Funktion, die durch den Ursprung verläuft, ist proportional.

____________________.

**3** Fülle die Lücken.

| | a | b | $(a + b)^2$ | $(a - b)^2$ | $(a + b)(a - b)$ |
|---|---|---|---|---|---|
| a) | 5 | 3x | $(5 + 3x)^2 = 25 + 30x + 9x^2$ | | |
| b) | 6xy | 4x | | | |
| c) | 2xy | −4x | | | |
| d) | | | $100x^2 - 40x + 4$ | | |
| e) | | | | | $144x^2y^2 - 25y^2$ |

**4** Berechne jeweils die fehlende Größe.

a) Grundwert: 800 m², wird vermehrt um 6 %. Neuer Wert: __________ m²

b) Erhöhung um 5 %. Vor der Erhöhung liegt der Preis bei 500 €. Preis nach der Erhöhung: __________ €

c) Der Fernseher kostet 490 € und wird jetzt mit 10 % Rabatt angeboten. Er kostet damit __________ €.

d) Der Rabatt beträgt 5 %. Tobi spart damit 75 €. Alter Preis: __________ €, reduzierter Preis: __________ €

e) Die unverbindliche Preisempfehlung des Herstellers für ein Handy beträgt 140 €. Ein Geschäft bietet das Gerät für 119 € an. Das sind __________ % weniger, als der Hersteller empfiehlt.

**5** Nach welchem Kongruenzsatz sind die beiden Teildreiecke kongruent zueinander?

a) ______

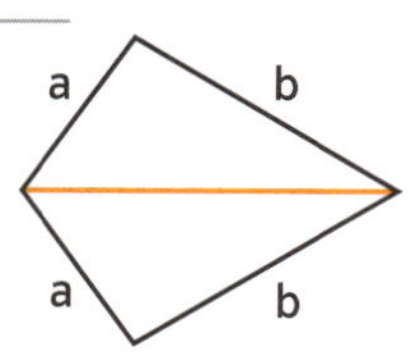


b) ______

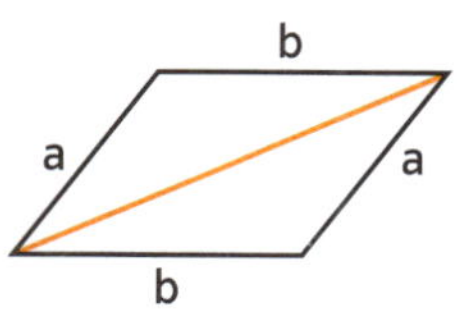


c) ______

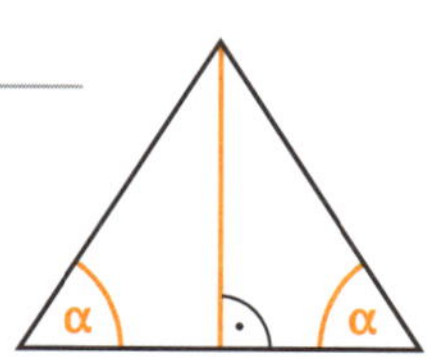


d) ______

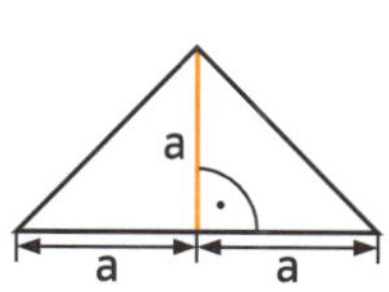


Kongruenzsätze
sss: Seite – Seite – Seite
sws: Seite – Winkel – Seite
wsw: Winkel – Seite – Winkel
Ssw: Seite – Seite – Winkel, wobei der Winkel der größeren der beiden gegebenen Seiten gegenüberliegen muss.

**6** Die Tabelle gehört zu einer linearen Funktion. Ergänze die Lücken und gib die Funktionsvorschrift an.

| x | −2 | −1 | 0 | | 3 | 4 |
|---|---|---|---|---|---|---|
| f(x) | 7,4 | 6,7 | | 4,6 | | |

f(x)= ______________________________

| x | | −1 | 0 | 1 | 4 | |
|---|---|---|---|---|---|---|
| g(x) | −15,8 | | | −1,8 | 8,7 | 12,2 |

g(x) = ______________________________

**7** Bestimme die Funktionsgleichung der gesuchten Geraden durch Einzeichnen in das Koordinatensystem. Die gesuchte Gerade g verläuft **parallel** zu
a) $f(x) = 2{,}5x + 1$ und geht durch den Punkt $A(-2\,|\,1)$.

g(x) = ______________________________

b) $f(x) = 0{,}5x - 3$ und geht durch den Punkt $B(2\,|\,-5)$.

g(x) = ______________________________

Die gesuchte Gerade g verläuft **senkrecht** zu
c) $f(x) = -0{,}5x + 3{,}5$ und geht durch den Punkt $C(3\,|\,2)$.

g(x) = ______________________________

d) $f(x) = -\frac{2}{3}x - 2$ und geht durch den Punkt $D(-6\,|\,2)$.

g(x) = ______________________________

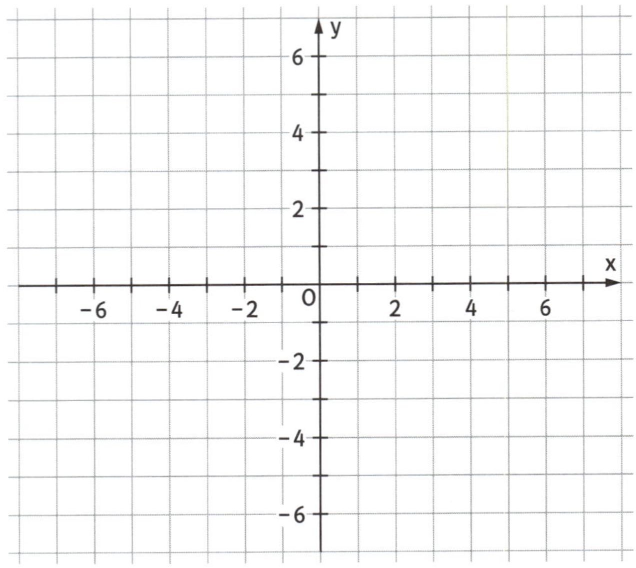


**8** Löse die Ungleichung und stelle die Lösungsmenge am Zahlenstrahl dar.

a) $5 + 7x < 19$

b) $17 - 12x > 77 + 6x$

c) $4(3x - 1) - 2 < 2(x + 5)$

**9** a) Berechne den Umfang der Frisbee-Scheiben.

A: U ≈ ____________ B: U ≈ ____________

b) Paul balanciert sein sich drehendes Frisbee A auf dem Zeigefinger. Es dreht sich 56-mal. Welche Strecke legt dabei der i-Punkt des Frisbees zurück?

A

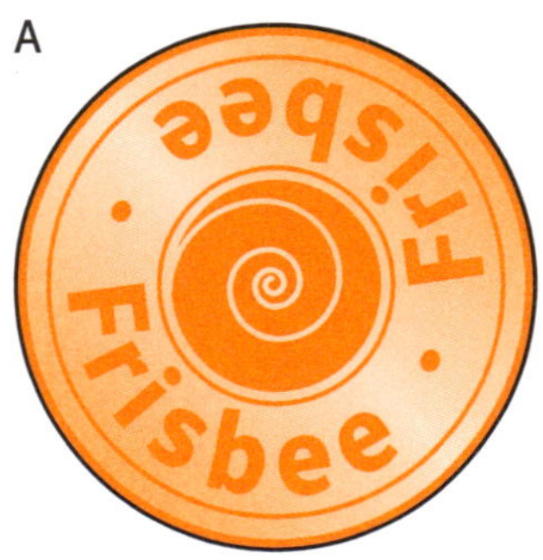


B

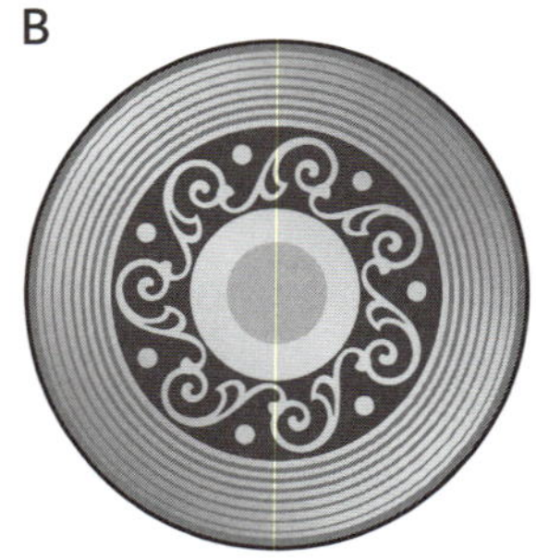

**10** Die Maße der Grundflächen der Prismen kannst du der Zeichnung entnehmen.
Jedes Prisma ist 8 cm hoch. Berechne das Volumen.

a) G = ________ ; V = ______________

b) G = ________ ; V = ______________

c) G = ______________________ ;

$V = 2{,}625\,cm^2 \cdot 8\,cm =$ ____________

d) G = ____________ ; V = ____________

e) G = ____________ ; V = ____________

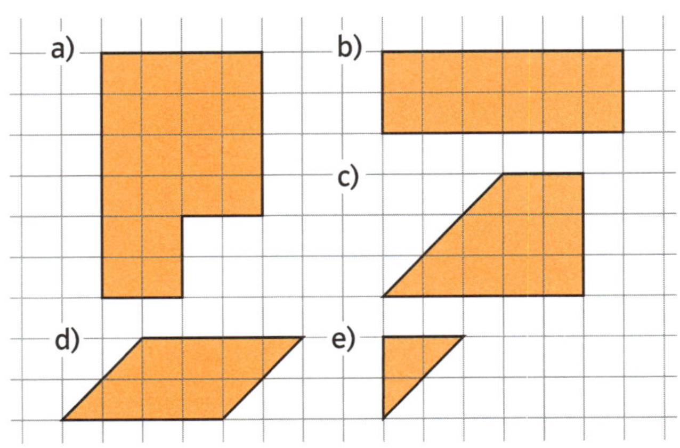

**1** a) Von welchen Gleichungen ist das Zahlenpaar (2 | −3) eine Lösung? Kreuze an.

A $2y = -3x$ ☐ B $y - 3x = -13$ ☐

C $y + 5 = x$ ☐ D $0 = 0x - 3 - y$ ☐

E $3y + 3x = 3$ ☐ F $3y = -\frac{3}{2}x - 6$ ☐

G $y - 7 = -5x$ ☐ H $y = \frac{6}{12}x - \frac{12}{4}$ ☐

b) Drei Gleichungen werden nicht von (2 | −3) gelöst. Ersetze in diesen die Zahl ohne Variable so, dass (2 | −3) nun eine Lösung ist.

______________________

______________________

______________________

c) Zeichne zur Kontrolle die Graphen der drei von dir gefundenen Gleichungen linearer Zuordnungen aus Teilaufgabe b) in das Koordinatensystem.

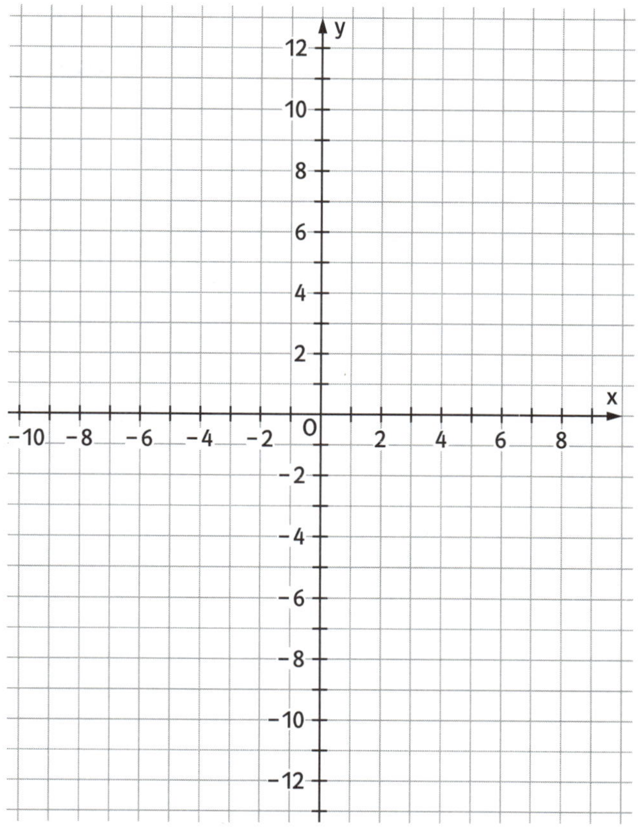


**2** Bestimme die fehlende Zahl so, dass sich eine Lösung von $0{,}8x = y - 3$ ergibt. Wenn du die gefundenen Zahlen auf das Alphabet überträgst und richtig sortierst, ergibt sich ein **Lösungswort:** ______________.

(______ | 9,4) ☐ (−2,5 | ______) ☐ $\left(7\frac{1}{2} \mid \_\_\_\_\_\_\right)$ ☐

(______ | 17,4) ☐ (0 | ______) ☐ $\left(\_\_\_\_\_\_ \mid 19\frac{4}{5}\right)$ ☐

**3** Gib die Gleichungen der Graphen an.

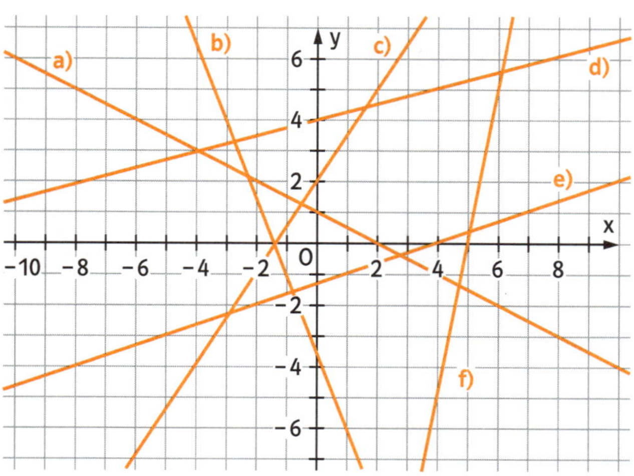


a) ______________ b) ______________

c) ______________ d) ______________

e) ______________ f) ______________

**4** Wie heißt die lineare Gleichung, auf deren Graph die beiden gegebenen Punkte liegen?
Tipp: Bestimme zuerst mithilfe der Dreiecke die Steigung.

$7{,}5 - 2{,}5 = 5$

a) P (2,5 | 3) Q (7,5 | 1)

$1 - 3 = -2$

y = $-\frac{2}{5}x +$ ______________

b) P (1,1 | 3,7) Q (0 | 7)

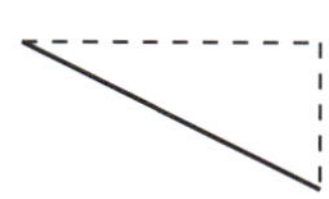

y = ______________

c) P (−6 | −19,5) Q (1 | 1,5)

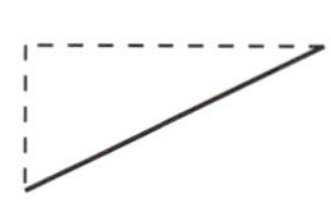

y = ______________

d) P (0 | −5) Q (3 | −1)

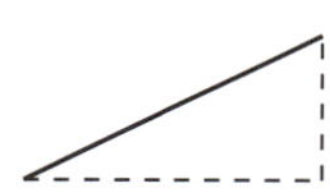

y = ______________

e) P (−3,5 | −2,5) Q (7 | 5)

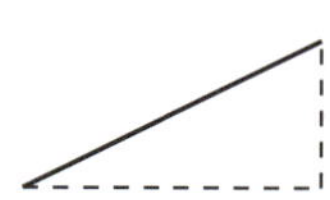

y = ______________

**1** Ordne die Zahlenpaare den linearen Gleichungssystemen als Lösung zu. Ein Zahlenpaar bleibt übrig.

I: $y = 2x + 3$
II: $y = 0{,}5x + 6$

I: $y + 2x + 1 = 0$
II: $x - y = -8$

I: $3y - 2x = -10{,}5$
II: $2x + 2y = 13$

I: $y + x = 2$
II: $\frac{1}{3}x - 4 = y$

$(-3\,|\,5)$ $(6\,|\,\frac{1}{2})$ $(2\,|\,2{,}5)$ $(4{,}5\,|\,-\frac{5}{2})$ $(2\,|\,7)$

**2** Bestimme mit verschiedenen Farben die Lösung und mache mit den abgelesenen Koordinaten die Probe.

a) I: $y = x + 7$ II: $y = -2x - 5$ P( −4 | 3 )

Probe: 3 = −4 + 7 ✓ 3 = −2·(−4) − 5 ✓

b) I: $y = 2x - 6$ II: $y = x + 1$ Q( ___ | ___ )

Probe: ______________________

c) I: $y = \frac{2}{3}x - 1$ II: $y = -\frac{2}{3}x + 3$ R( ___ | ___ )

Probe: ______________________

d) I: $y = 2{,}2x + 4$ II: $y = \frac{4}{5}x - 3$ S( ___ | ___ )

Probe: ______________________

e) I: $y = \frac{1}{3}x - 7$ II: $y = -\frac{11}{6}x + 6$ T( ___ | ___ )

Probe: ______________________

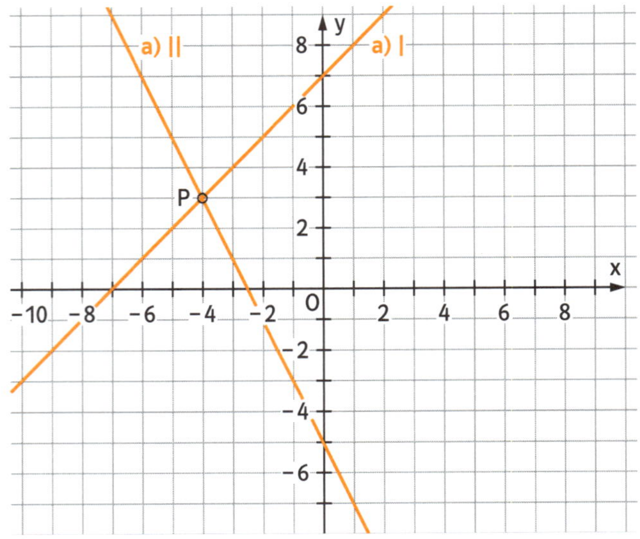


**3** Suche unter den Gleichungen alle heraus, welche zusammen mit $y = 1{,}8x + 6$ das Zahlenpaar $(-5\,|\,-3)$ als Lösung haben. Richtig sortiert, ergeben die Buchstaben der gesuchten Gleichungen ein

**Lösungswort:** ______________________ .

| | | | | | |
|---|---|---|---|---|---|
| a) | $y + 1{,}5x = -10{,}5$ | N | b) | $y = \frac{1}{3}x - 1$ | E |
| c) | $37{,}2 = 0x - 12{,}4y$ | P | d) | $y = \frac{1}{2}x + 7$ | O |
| e) | $2{,}5y = -x - 12{,}5$ | T | f) | $\frac{1}{3}y - \frac{2}{5}x = 1$ | K |
| g) | $y = -\frac{4}{5}x + \frac{4}{5}$ | I | h) | $0 = x + 2 - y$ | U |

**4** Notiere an den Linien, ob die beiden linearen Gleichungen **k**eine, **e**ine oder **u**nendlich viele gemeinsame Lösungen haben.

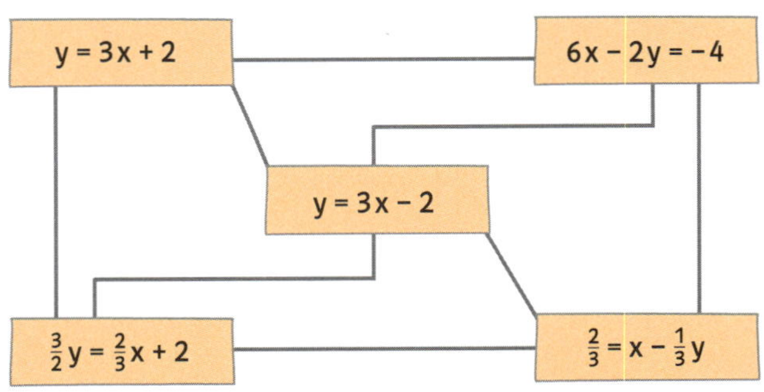


**5** Timo hat 13 LEGO-Steine (Sechser und Achter). Hintereinandergelegt bilden sie eine 88 Noppen lange Reihe. Wie viele Sechser- und Achter-Steine hat er?

x steht für die __________ der Sechser und y für die Anzahl der Achter. Somit ergeben sich folgende beide Gleichungen eines linearen Gleichungssystems:

I: $x + y =$ ________ und II: __________ + __________ = 88

I: $y =$ __________________ II: $y =$ __________________

Löse das lineare Gleichungssystem durch das Einzeichnen der Graphen in das Koordinatensystem.

In Timos Kiste liegen _____ Sechser und _____ Achter.

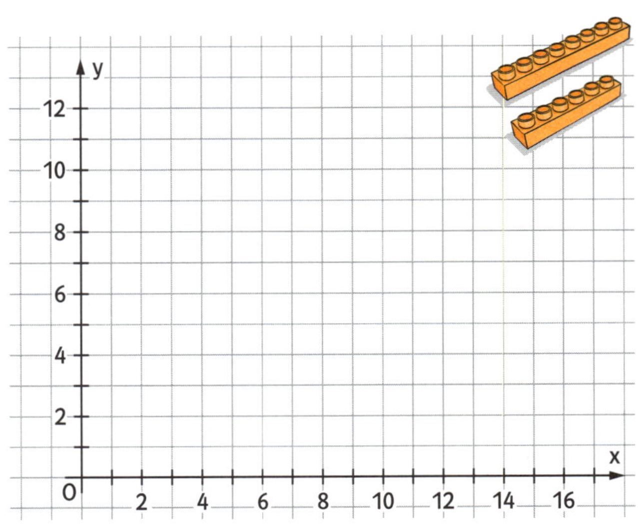

# Lösen linearer Gleichungssysteme mit zwei Variablen

**1** Finde die Fehler und korrigiere sie mit anschließender Probe (P).

a) I: $y = 4x + 2$

II: $y = 9x - 3$

III: $4x + 2 = 9x - 3 \quad | -9x$

$-5x + 2 = -3 \quad | -2$

$-5x = -5 \quad | : 5$

$x = -1$

y mit I: $y = 4 \cdot (-1) + 2$

$y = -4 + 2$

$y = 2$

P mit II: $2 = 9 \cdot (-1) - 3$

$2 = -9 - 3$

$2 = -12$ f

Korrektur: ______

b) I: $x = -2y + 14$

II: $x = 3y + 39$

III: $-2y + 14 = 3y + 39 \quad | -14$

$-2y = 3y + 25 \quad | -3y$

$-5y = 25 \quad | : (-5)$

$y = -5$

x mit I: $x = 2\,(-5) + 15$

$x = -10 + 15$

$x = 5$

P mit II: $5 = 3\,(-5) + 39$

$5 = -15 + 39$

$5 = 25$ f

Korrektur: ______

**2** Hier sind die Lösungsschritte samt Probe der beiden linearen Gleichungssysteme durcheinandergeraten. Markiere zusammengehörende Kärtchen in einer Farbe und nummeriere die Abfolge der Lösungsschritte.

a) I: $3x + y = 8$
II: $y = 2x - 12$

b) I: $0{,}6x + 2y = 4{,}4$
II: $0{,}6x = 3y + 0{,}6$

___ III: $3x + 2x - 12 = 8$
___ $0{,}6x + 1{,}52 = 4{,}4 \quad | -1{,}52$
___ $5y = 3{,}8 \quad | : 5$
___ $-4 = -4$
___ $x = 4$
___ P mit II: $0{,}6 \cdot 4{,}8 = 3 \cdot 0{,}76 + 0{,}6$
___ $y = -4$

___ III: $3y + 0{,}6 + 2y = 4{,}4$
___ $0{,}6x = 2{,}88 \quad | : 0{,}6$
___ P mit II: $-4 = 2 \cdot 4 - 12$
___ $2{,}88 = 2{,}28 + 0{,}6$
___ $y = 0{,}76$
___ $5x - 12 = 8 \quad | + 12$
___ I: $3 \cdot 4 + y = 8$

___ $x = 4{,}8$
___ $12 + y = 8 \quad | -12$
___ $2{,}88 = 2{,}88$
___ $5y + 0{,}6 = 4{,}4 \quad | -0{,}6$
___ I: $0{,}6x + 2 \cdot 0{,}76 = 4{,}4$
___ $-4 = 8 - 12$
___ $5x = 20 \quad | : 5$

**3** Stelle die linearen Gleichungen von I und II auf, berechne den Schnittpunkt der beiden Graphen und mache die Probe.

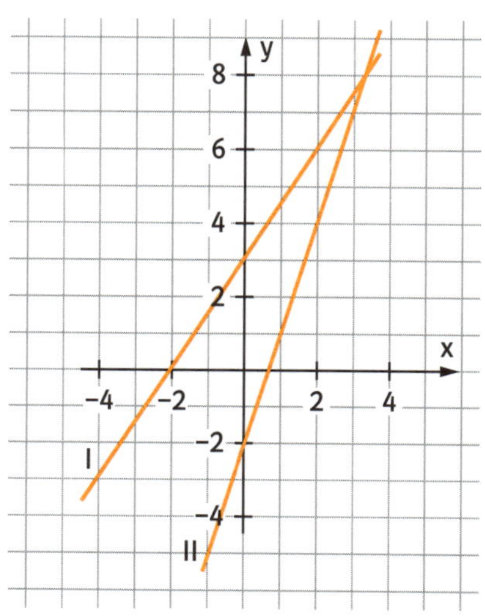


I: y = ______

II: y = ______

III: ______

y mit I: ______

Probe mit II: ______

# Additionsverfahren

**1** Löse das lineare Gleichungssystem mit dem Additionsverfahren.

a) I: $4x + 2y = 28$
II: $3x - 2y = 14$

I + II: ______

$x =$ ______

Setze x in I ein:

I: $4 \cdot$ ____ $+ 2y = 28$

____ $+ 2y = 28$

$2y =$ ______

$y =$ ______

Probe mit Gleichung II:

II: $3 \cdot$ ____ $- 2 \cdot$ ____ $= 14$

____ $-$ ____ $= 14$

______ $= 14$

b) I: $6x + 4y = 38$
II: $2x + 2y = 8$

I: ______

II: ______

I + II: ______

____ = ____

Setze ____ in I ein:

I: $6 \cdot$ ____ $+ 4 \cdot$ ____ $= 38$

______ $= 38$

______ = ____

______ = ____

Probe mit Gleichung II:

II: $2 \cdot$ ____ $+ 2 \cdot$ ____ $= 8$

______ $= 8$

______ $= 8$

**2** Bestimme die fehlende Gleichung.

| a) | | b) | | c) | |
|---|---|---|---|---|---|
| I: | ______ | I: | $7y - 3x = -15$ | I: | ______ |
| II: | $3x - 4y = 19$ | II: | ______ | II: | $18 = 2x - 3y$ |
| I + II: | $8x = 42$ | I + II: | $-7x = 16$ | I + II: | $-5 = y$ |

**3** Wilhelm soll am Kiosk für seine Familie und die Verwandten, die schon seit drei Tagen zu Besuch sind, Eis holen. Ein Milchfinger kostet 1,20 € und eine Erdbeerhand 1,50 €. Das Geld hat er abgezählt mitbekommen, genau 18 €. Auf dem Weg zum Kiosk sagt sich Wilhelm ständig vor, wie viel von welchem Eis er holen soll, dabei vertauscht er leider irgendwann die Eissorten. Beim Bezahlen bekommt er 0,90 € zurück. Stelle das lineare Gleichungssystem auf und löse mit dem Additionsverfahren.

Die Variable x steht für die Anzahl der ______ und die Variable y für die Anzahl der ______.

I: ______

II: ______

umgeformt:

I: ______

II: ______

I + II: ______

____ = ____

Zweite Variable:

______

______

______

____ = ____

Probe: ______

______

______

Eigentlich soll Wilhelm ____ Milchfinger und ____ Erdbeerhände holen.

**4** Das abgebildete Parallelogramm und das große Dreieck sind aus gleich großen gleichschenkligen Dreiecken zusammengefügt worden.
a) Markiere in den Figuren gleich lange Seiten mit gleichen Farben.
b) Stelle für beide Figuren die Gleichungen auf, um ein Gleichungssystem zu erhalten.

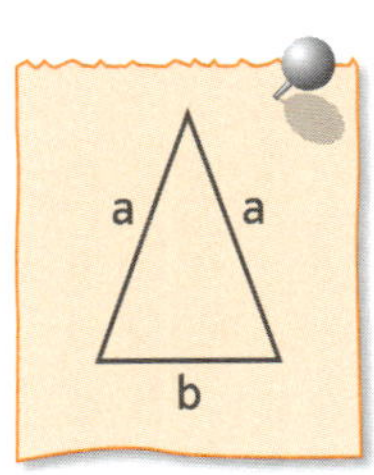


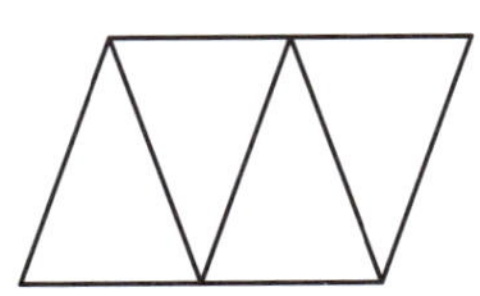

Umfang Parallelogramm: 46 cm

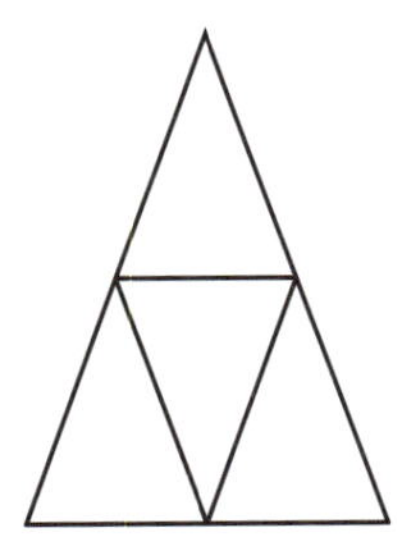

Umfang Dreieck: 50 cm

I ____ a + ____ b = ______ (Parallelogramm)

II ____ a + ____ b = ______ (großes Dreieck)

c) Berechne im Heft die Seitenlängen des gleichschenkligen Dreieckes.

Schenkellänge: ______ cm Basislänge: ______ cm

Fülle die Lücken. Für jeden Buchstaben findest du einen Strich. Löse dann die Beispielaufgaben.

### Lineare Gleichungen mit zwei Variablen

Für lineare Gleichungen, bei denen vor den Variablen x und y jeweils ein Faktor ungleich 0 steht (z. B. $y = 0{,}5x + 1$), gilt:

- Jede Lösung besteht aus einem ___________.
- Es gibt __________ viele Lösungen.
- Die grafische Darstellung aller ________ ist eine Gerade.

■ Trage die Lösungsgerade ein.

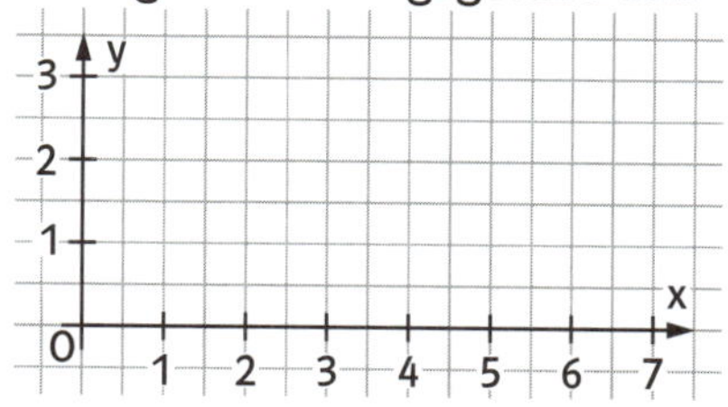


### Lineare Gleichungssysteme mit zwei Variablen

Bei der gleichzeitigen Betrachtung von zwei linearen Gleichungen mit zwei Variablen spricht man auch von einem linearen Gleichungssystem. Ein Zahlenpaar, das beide Gleichungen löst, nennt man Lösung des linearen Gleichungssystems.

■ Unterstreiche die Lösung des linearen Gleichungssystems.
I $y = 2x - 3$   II $y = -0{,}5x + 4{,}5$
A(−3 | 3)   B(5 | 2)   C(2 | 3,5)
D(2 | 1)   E(−9 | 9)   F(3 | 3)

### Lösen linearer Gleichungssysteme mit zwei Variablen

Zum Lösen linearer Gleichungssysteme mit zwei Variablen kann man

- das __________ Lösungsverfahren,
- das ____________ verfahren,
- das ________________ verfahren oder
- das __________ verfahren verwenden.

Ziel aller drei rechnerischen Lösungsverfahren ist es, eine neue Gleichung hervorzubringen, die nur noch eine der beiden Variablen beherbergt und so lösbar ist.
Die grafische Veranschaulichung der Lösung eines linearen Gleichungssystems ergibt bei keiner Lösung zwei __________ Geraden, bei genau einer Lösung zwei sich ____________ Geraden und bei unendlich vielen Lösungen zwei ___________ Geraden.

■ Mache jeweils die ersten Schritte zum Lösen des LGS:

I $y = 2x - 1$   II $2y + x = 8$
**Einsetzen** über y:

I in II $2 \cdot (\_\_\_\_\_\_\_\_\_\_) + x = 8$
**Addition** über y:

$y - 2x = -1 \mid \cdot (-2)$

________ = ______
2y + x = 8

I + II 0y ______ = ______

Für x ergibt sich jeweils x = ____.
x eingesetzt in I ergibt den y-Wert.
y = 2 · _____ − 1   y = ______

### Lösen von Anwendungsaufgaben

Anwendungsaufgaben unter Zuhilfenahme von Gleichungssystemen lassen sich zumeist in vier Schritten lösen:

1. Festlegung von geeigneten _________
2. Textaussagen in mathematische Gleichungen übersetzen
3. Lösen des aufgestellten Gleichungssystems
4. Interpretieren und Überprüfen der Lösung

■ Eine Zahl vermindert um das Zweifache einer anderen Zahl ergibt −1. Die Zahl vermehrt um die Hälfte der anderen Zahl ergibt 4.

| | |
|---|---|
| y → *Zahl* | x → *andere Zahl* |
| I $y - 2x = -1$ | II $y + 0{,}5x = 4$ |
| I $y = 2x - 1$ | II $y = -0{,}5x + 4$ |

Die Zahlen sind _____ und _____.

### Lineare Ungleichungssysteme

Beim grafischen Lösen von linearen Ungleichungssystemen lässt sich die Lösung darstellen als die gemeinsamen Punkte von zwei ___________. Hierzu löst man zuerst das zugehörige lineare Gleichungssystem und markiert anschließend den der Lösung des linearen Ungleichungssystems entsprechenden Bereich.
■ Schraffiere in dem Koordinatensystem den Lösungsbereich des linearen Ungleichungssystems I $y < 2x - 1$   II $y < -0{,}5x + 4$ farbig.

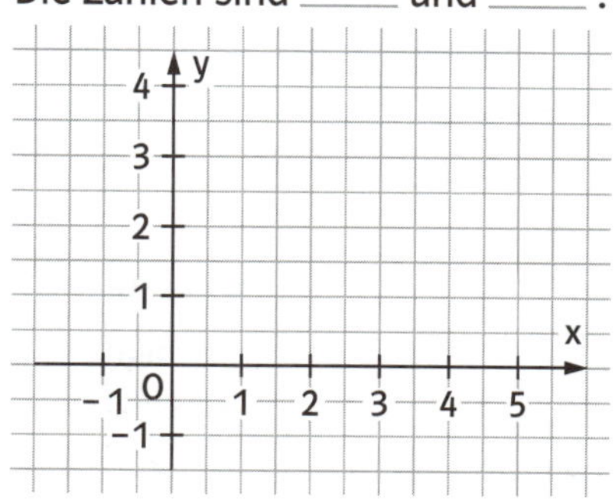

**1** Bernd, Inge, Lutz, Artem, Nesat und Carolin vergleichen ihre Torerfolge im Handball.

Gib die absoluten und relativen Häufigkeiten an.

| Name | Bernd | Inge | Lutz | Artem | Nesat | Carolin |
|---|---|---|---|---|---|---|
| absolute Häufigkeit | 12 | | | | | |
| relative Häufigkeit | $\frac{12}{15} = 0{,}8$ | | | | | |

**2** Du würfelst mit einem normalen Spielwürfel. Wie groß ist die Wahrscheinlichkeit dafür,

a) dass die gewürfelte Zahl eine Sechs ist?

Wahrscheinlichkeit: ______

b) dass die gewürfelte Zahl gerade ist?

Wahrscheinlichkeit: ______

c) dass die gewürfelte Zahl ein Teiler von 6 ist?

Wahrscheinlichkeit: ______

d) dass die gewürfelte Zahl kleiner als 5 ist?

Wahrscheinlichkeit: ______

**3** Freddy zieht 50-mal blind eine der 20 Kugeln aus dem Behälter. Dabei legt er jede gezogene Kugel vor dem nächsten Zug in den Behälter zurück.

a) Die Wahrscheinlichkeit dafür, bei einem Zug eine orange Kugel zu erwischen, beträgt __________.

b) Bei 50 Ziehungen wird er etwa ________ -mal eine orange Kugel, ________ -mal eine graue und ______ -mal eine weiße Kugel ziehen.

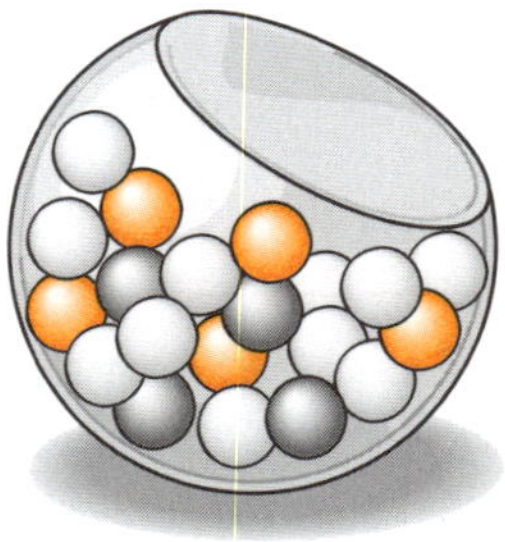

**4** Betrachte den Gegenstand unten rechts. Damit kann man „würfeln". Die Farbe, die nach oben zeigt, ist das Ergebnis des Wurfs. Der Gegenstand wurde 369-mal geworfen.

a) Berechne aus den Häufigkeiten in der Tabelle die relativen Häufigkeiten mit drei Nachkommastellen. Gib sie auch in Prozent an.

b) Schätze die Wahrscheinlichkeiten für die einzelnen Farben. Trage diese Werte als Dezimalbruch und als Prozentangabe in die Tabelle ein. Beachte hierbei, dass die Summe der Wahrscheinlichkeiten ____ ist.

| | | orange | weiß | grau |
|---|---|---|---|---|
| Häufigkeit | | 81 | 187 | 101 |
| relative Häufigkeit | Dezimalbruch | | | |
| | in Prozent | | | |
| geschätzte Wahrscheinlichkeit | Dezimalbruch | | | |
| | in Prozent | | | |

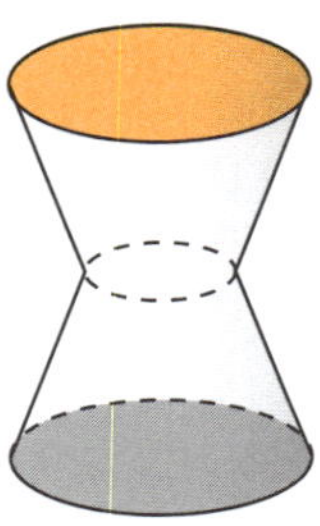

# Häufigkeiten und Wahrscheinlichkeiten (2)

**1** Betrachte das Glücksrad. Pit, Ansgar und Nuri wetten, bei welchem Feld das Glücksrad nach dem nächsten Drehen stehen bleibt.

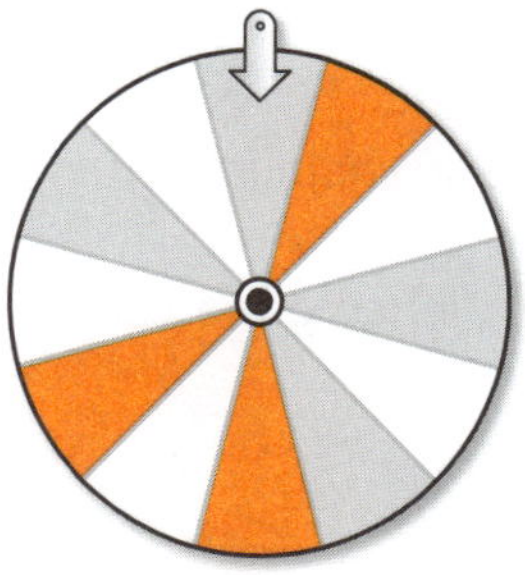

Pit: Ich wette, dass das Glücksrad bei Orange stehen bleibt.

Ansgar: Die Chance ist bei Grau viel größer, ich wette auf Grau.

Nuri: Ich setze auf Weiß.

a) Hältst du die Wette von Pit, Nuri und Ansgar für klug?

______________________________________________

b) Auf welches Feld würdest du wetten? Warum?

______________________________________________

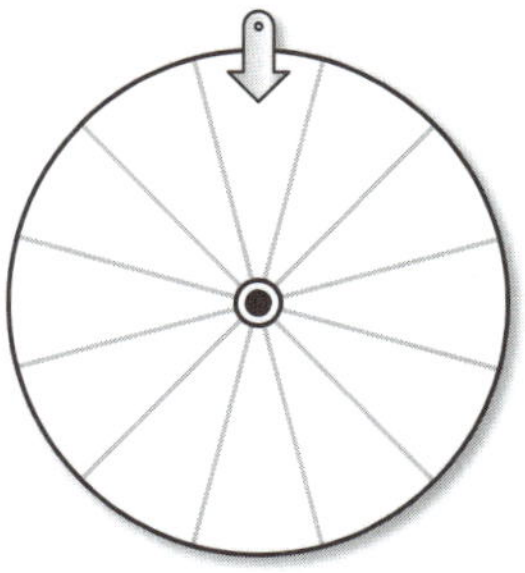

c) Wie müsste das Glücksrad gestaltet sein, damit alle vermutlich die gleiche Chance haben? Zeichne ein.

d) Die Jungen probieren das obere Glücksrad aus und notieren sich die absoluten Häufigkeiten bei 100, 500 und 1000 Drehungen auf einzelne Zettel.
Kannst du die absoluten Häufigkeiten in die Tabelle einordnen?

| Anzahl der Drehungen | | 100 | 500 | 1000 |
|---|---|---|---|---|
| Absolute Häufigkeit | Orange | | | |
| | Grau | | | |
| | Weiß | | | |

**2** Markus und Britt testen einen Würfel, um zu überprüfen, ob er gezinkt ist.

2 3 4 5 1 6    1 6 3 1 4 2    2 5 6 1 1 2    1 3 6 4 6 1
1 3 4 1 2 2    2 3 1 4 5 2    3 1 1 5 4 6    4 3 5 5 1 2
3 4 3 1 5 4    1 1 3 5 5 1    3 5 4 6 6 1    1 4 6 6 1 1

a) Fülle die Tabelle aus.

| Würfelaugen | ⚀ | ⚁ | ⚂ | ⚃ | ⚄ | ⚅ |
|---|---|---|---|---|---|---|
| Strichliste | | | | | | |
| absolute Häufigkeit | | | | | | |
| relative Häufigkeit | | | | | | |
| in Prozent | | | | | | |

b) Welche der folgenden Verteilungen sind wahrscheinlich? Kreuze an.

| Würfelaugen | ⚀ | ⚁ | ⚂ | ⚃ | ⚄ | ⚅ | Verteilung realistisch |
|---|---|---|---|---|---|---|---|
| Anzahl bei 10 000 Würfen | 2235 | 1533 | 1556 | 1509 | 1606 | 1561 | ☐ |
| Anzahl bei 100 000 Würfen | 16 685 | 17 016 | 16 507 | 17 438 | 16 233 | 16 121 | ☐ |

**3** Paul und Steffi spielen mit einer Sechskantmutter als Würfel. Sie vereinbaren:
Steffi gewinnt, wenn die Augenzahl kleiner als vier ist,
Paul gewinnt, wenn die Augenzahl größer als vier ist.

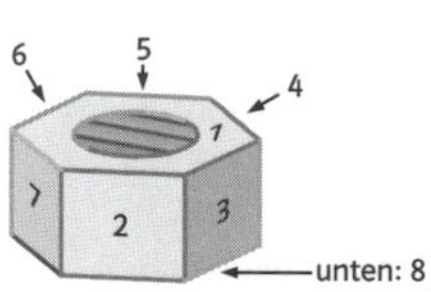


a) Wie sind die Gewinnchancen? Kreuze an:

☐ Steffi hat die größere Gewinnchance.
☐ Paul hat die größere Gewinnchance.
☐ Beide haben die gleiche Chance, das Spiel zu gewinnen.
☐ Man kann nicht sagen, wer die größere Chance hat.

b) Begründe deine Antwort. ______________________________________________

**1** In einer Urne befinden sich drei orange und sieben weiße Kugeln. Du ziehst zweimal hintereinander. Vervollständige den Baum und berechne die einzelnen Wahrscheinlichkeiten.

a) Ziehen ohne Zurücklegen

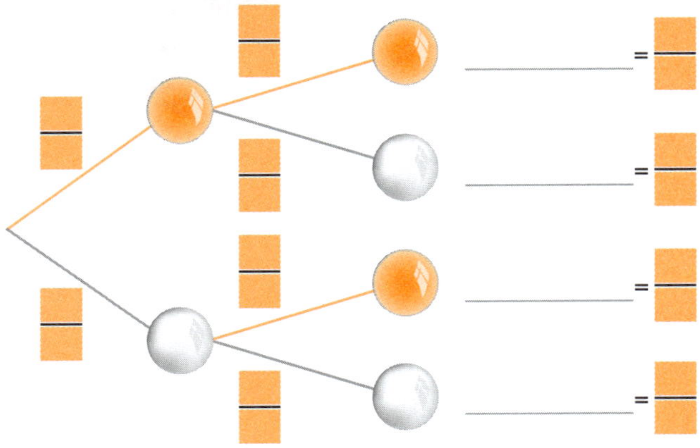

b) Ziehen mit Zurücklegen

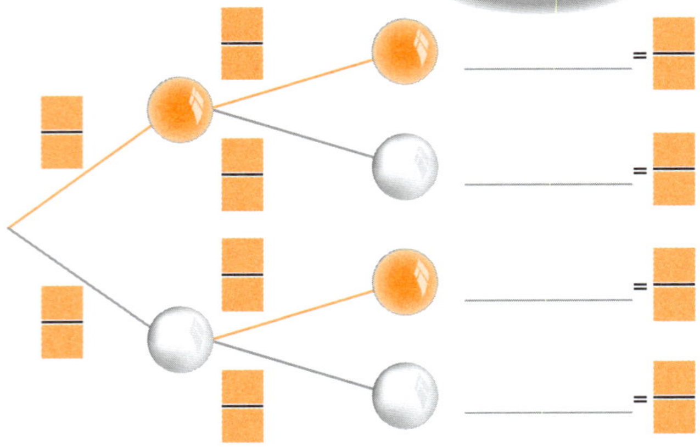

**2** In einer Schublade liegen vier graue und sechs weiße Socken.

a) Wie oft musst du höchstens (ohne hinzusehen) ziehen, damit du ein passendes Paar hast? ____________

b) Trage die möglichen Ergebnisse in den Baum ein und ergänze ihn passend.

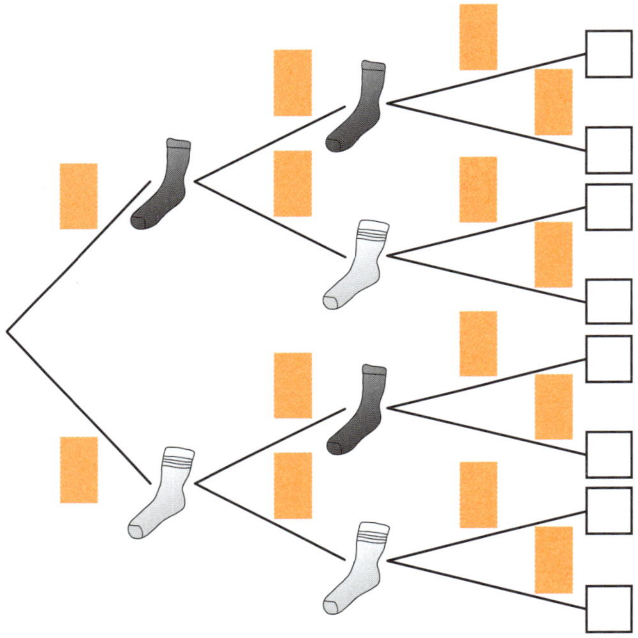

c) Die Wahrscheinlichkeit für 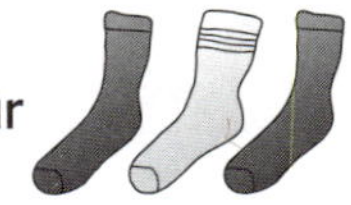 beträgt

______________________________.

d) Die Wahrscheinlichkeit für 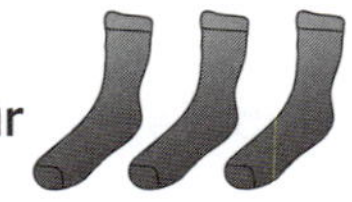 beträgt

______________________________.

**3** Zeichne den entsprechenden Baum und bestimme die Wahrscheinlichkeit,

a) bei zwei Würfen zweimal die Eins zu würfeln.

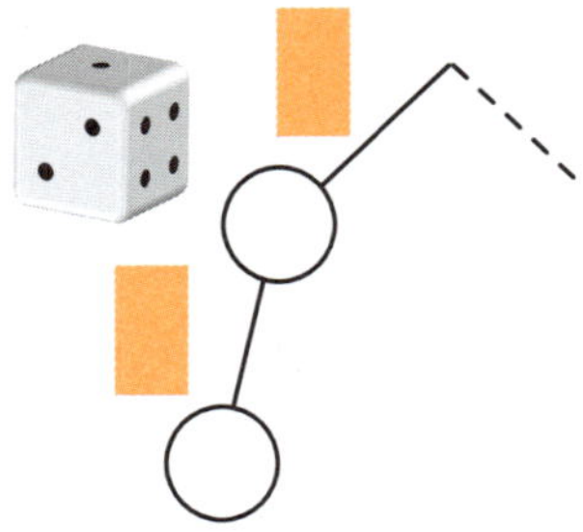

Wahrscheinlichkeit: ____________

b) bei zwei Würfen keine Zwei zu würfeln.

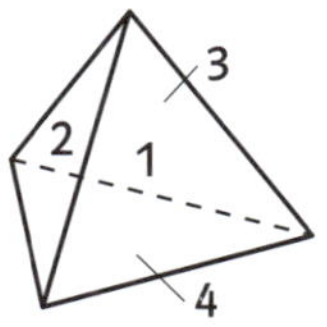


Wahrscheinlichkeit: ____________

c) bei zwei Versuchen nur Orange zu drehen.

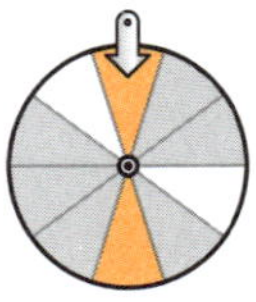

Wahrscheinlichkeit: ____________

**1** Gib die Wahrscheinlichkeitsverteilung an.

a)

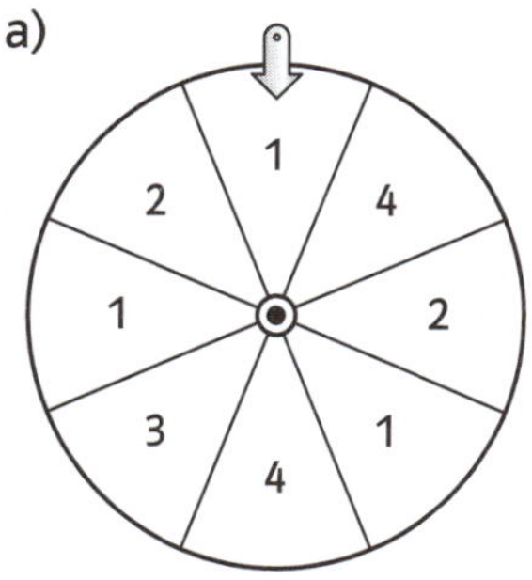


| Ergebnis | Wahrscheinlichkeit als Bruch |
|---|---|
| 1 | |
| 2 | |
| 3 | |
| 4 | |

b)

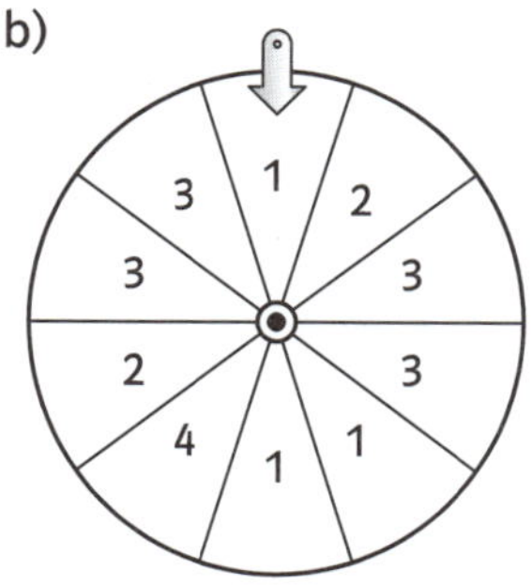


| Ergebnis | Wahrscheinlichkeit als % |
|---|---|
| 1 | |
| 2 | |
| 3 | |
| 4 | |

**2** In der Voliere einer Tierhandlung befinden sich verschiedenfarbige Papageien. Es sind fünf überwiegend blaue, drei grüne und vier rote Tiere. Zwei zufällig ausgewählte Vögel werden verkauft.

a) Fülle den Baum aus und berechne die einzelnen Wahrscheinlichkeiten.

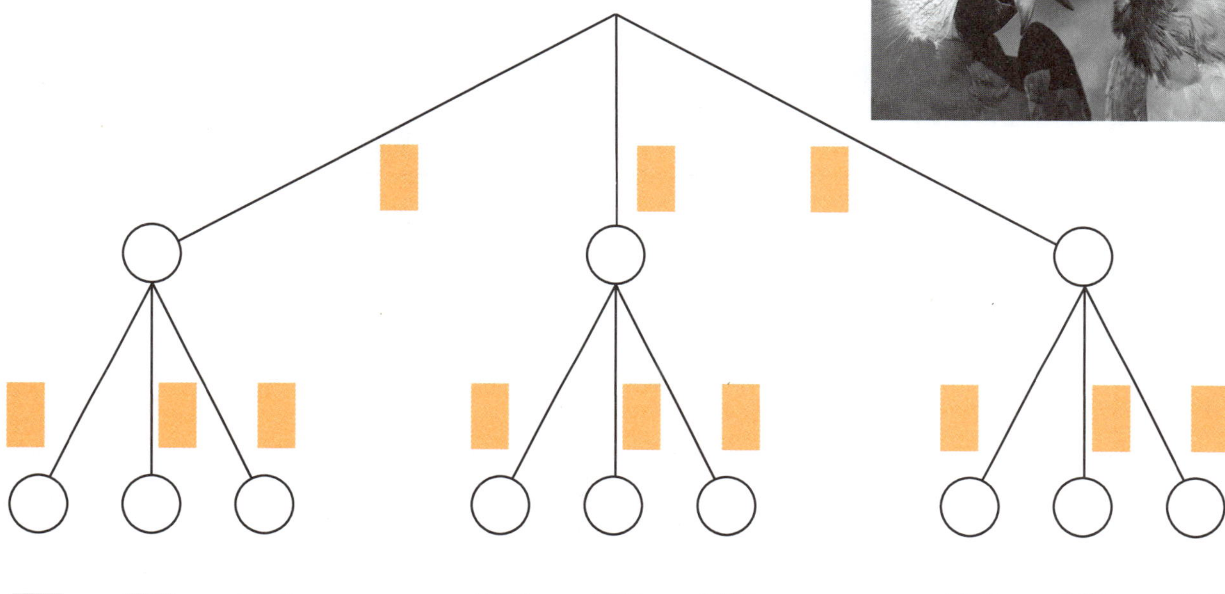

b) Wie groß ist die Wahrscheinlichkeit für den Kunden, dass er einen roten und einen blauen Papagei erhält?

_______________

c) Wie groß ist die Wahrscheinlichkeit, dass er zwei verschiedenfarbige Papageien erhält?

_______________

d) Wie groß ist die Wahrscheinlichkeit, dass mindestens ein grüner Papagei ausgewählt wird?

_______________

**3** Du würfelst mit dem Dodekaeder, auf dem die Zahlen von eins bis zwölf sind. Berechne die einzelnen Wahrscheinlichkeiten.

a) Die Wahrscheinlichkeit, eine gerade Zahl zu würfeln, beträgt _____.

b) Die Wahrscheinlichkeit, mindestens eine Fünf zu würfeln, beträgt _______________.

c) Die Wahrscheinlichkeit, keine Zehn zu würfeln, beträgt ___________.

d) Die Wahrscheinlichkeit, mindestens eine Vier und höchstens eine Acht zu würfeln, beträgt ___________.

Fülle die Lücken. Für jeden Buchstaben findest du einen Strich. Löse dann die Beispielaufgaben.

**Wahrscheinlichkeit**
Mit der Wahrscheinlichkeit kann man die Häufigkeit von Ergebnissen bei langen Versuchsreihen vorhersagen, bzw. welchen _ _ _ _ _ _ man für das Ergebnis erwartet.

Wie groß ist die Wahrscheinlichkeit, mit einem Würfel eine gerade Zahl zu würfeln?

Wahrscheinlichkeit „gerade Zahl": ___ = ___ %

Bei 1500 Würfen wird etwa ______ -mal eine gerade Zahl vorkommen.

**Wahrscheinlichkeit und relative Häufigkeit**
Die relative Häufigkeit eines Ergebnisses wird durch $\frac{\text{Absolute Häufigkeit}}{\text{Anzahl der Versuche}}$ berechnet.
Bei häufigem Wiederholen eines _ _ _ _ _ _ _ _ experimentes kann man die ermittelte relative Häufigkeit zum _ _ _ _ _ _ _ _ _ der Wahrscheinlichkeiten nutzen.

Mit diesem Quader wurde insgesamt 1000-mal geworfen. Es war 788-mal Orange oben zu sehen.

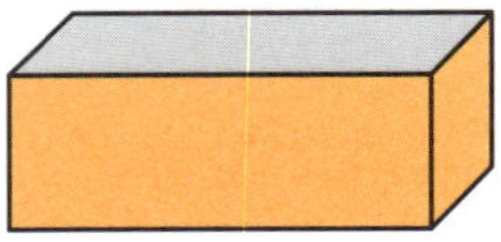

| | Orange | Grau |
|---|---|---|
| Absolute Häufigkeit | | |
| Relative Häufigkeit | | |
| Geschätzte Wahrscheinlichkeit | | |

**Summenregel**
Um die Wahrscheinlichkeit eines bestimmten Ereignisses zu erhalten, addiert man die Wahrscheinlichkeiten der zugehörigen _ _ _ _ _ _ _ _ _ _ _.
Manchmal ist es geschickter, die Wahrscheinlichkeit durch das Gegenereignis zu bestimmen.

Bestimme die Wahrscheinlichkeit über das Gegenereignis.
Wie groß ist die Wahrscheinlichkeit, eine Zahl kleiner als sechs zu würfeln?

______________________

**Pfadregel**
_ _ _ _ _ _ _ _ _ _ _ _ _ _ _ helfen, mehrstufige Zufallsexperimente zu beschreiben. Um die Wahrscheinlichkeit eines Ergebnisses zu erhalten, multipliziert man die _ _ _ _ _ _ _ _ _ _ _ _ _ _ _ _ _ _ _ _ _ _ _ längs des dazugehörigen Pfades.

Beim zweimaligen Werfen eines Reißnagels ergibt sich folgendes Baumdiagramm. Ergänze.
(K = Kopf, S = Seite)

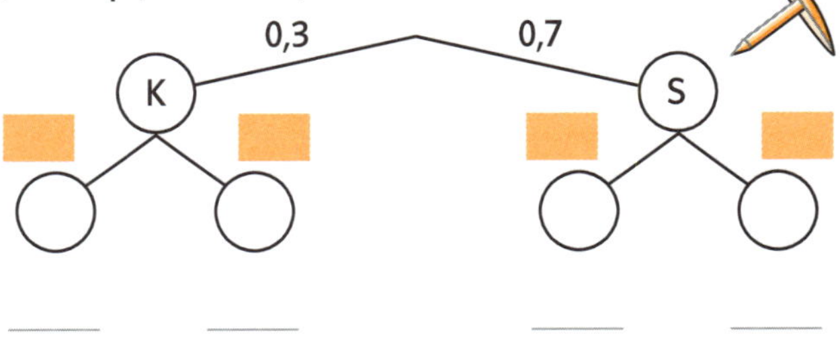


Die Wahrscheinlichkeit für zwei unterschiedliche Würfe beträgt ______________.

**Teilbaum bei mehrstufigen Zufallsexperimenten**
Bei mehrstufigen Zufallsversuchen bestimmt man die Wahrscheinlichkeit eines Ereignisses, indem man nur den Teil des _ _ _ _ _ _ _ _ _ _ _ _ _ _ _ betrachtet, der die zugehörigen Pfade enthält.

Wie groß ist die Wahrscheinlichkeit, die Zahlen 2-5-1 aus der Urne zu ziehen? Fülle den Teilbaum aus. Die Kugeln werden nach dem Ziehen nicht wieder zurückgelegt.

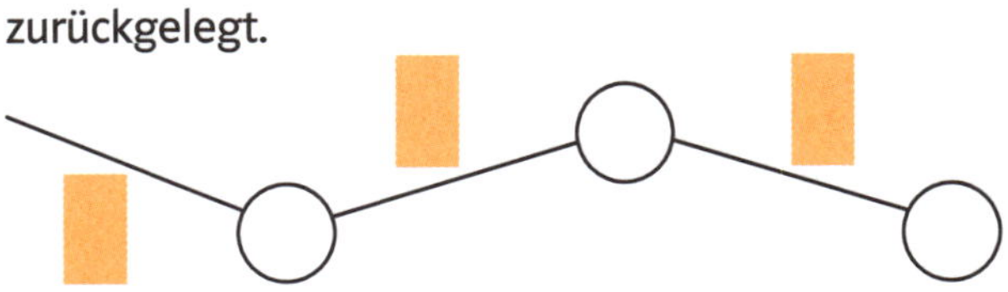

**1** Berechne mithilfe der binomischen Formeln.

a) $(2x + 3y)^2$ = ______

b) $(5n - 4m)(4m + 5n)$ = ______

c) $(-10x + 20y)^2$ = ______

d) $\left(\frac{1}{3}x - \frac{1}{2}y\right)^2$ = ______

e) $(9xy - x)^2$ = ______

f) $\left(\frac{3}{7}v + 7u\right)^2$ = ______

**2** Löse die Gleichungen.

a) $x^2 + 4 = 40$

$x^2$ = ______

$x_1$ = ______ ; $x_2$ = ______

b) $x^2 - 1 = 1$

$x^2$ = ______

$x_1$ = ______ ; $x_2$ = ______

c) $x^2 - 5 = 20$

______

$x_1$ = ______ ; $x_2$ = ______

d) $x^2 + 2 = 1$

______

$x_1$ = ______ ; $x_2$ = ______

**3** Löse die Gleichungen. Notiere jeweils den Buchstaben, der im Kopf der Lösungsspalte steht: ______

| Gleichung | Klammer aufgelöst/ Terme zusammengefasst | Lösungsmenge | | | | |
|---|---|---|---|---|---|---|
| | | R | E | M | O | D |
| a) $7(4x - 3) + 6(1 - 3x) = 35$ | | {−2} | { } | {5} | {3} | $\mathbb{Q}$ |
| b) $6(2 + x) - 5 = 2(3x + 5) + 3$ | | {5} | {−2} | {3} | { } | {2} |
| c) $2(6 + 4x) = 5(2x + 4)$ | | {4,5} | { } | {3} | {2} | {−4} |
| d) $x(x + 3) + 5 = 3 + 2(1 + x^2 + x) - x^2 + x$ | | {7} | $\mathbb{Q}$ | {9} | {0} | {4} |

**4** Berechne die fehlenden Werte.

| | Kapital | Zinsen | Zinssatz | Zeit |
|---|---|---|---|---|
| a) | 2000,00 € | 12,50 € | 5 % | ______ Tage |
| b) | 17 000,00 € | ______ € | 3,4 % | 90 Tage |
| c) | 8000,00 € | 100,00 € | 5 % | ______ Monate |
| d) | 900,00 € | 27,00 € | ______ % | 180 Tage |
| e) | 1250,00 € | ______ € | 7 % | 36 Tage |
| f) | ______ € | 25,00 € | 3 % | 60 Tage |
| g) | 550,00 € | 2,75 € | ______ % | 6 Monate |

**5** Bei Barzahlung seines Einkaufs darf Herr Lage von seinem Rechnungsbetrag 3 % Skonto abziehen. Er bezahlt nur noch 2910,00 €. Wie hoch war der Ursprungspreis? Wie viel hat er gespart?

2910,00 € entsprechen ______ %.

Der Ursprungspreis betrug ______ €;

Herr Lage hat ______ € gespart.

**6** Bei dieser Aufgabe gibt es zwei Lösungen. Gesucht ist ein Dreieck mit den Seiten a = 2 cm, b = 3 cm und α = 30°. Beschrifte die Planfigur und zeichne beide Lösungsdreiecke. Miss zur Kontrolle die Länge der dritten Seite millimetergenau:

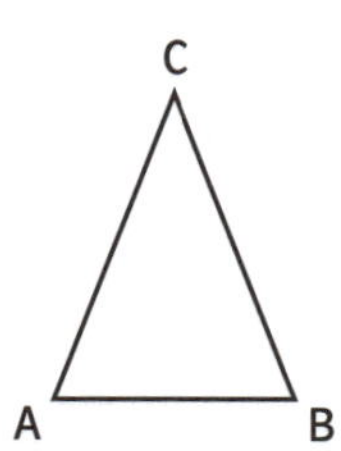


$c_1$ = ______ mm, $c_2$ = ______ mm

**7** Der Graph der linearen Zuordnung $f: x \to mx + b$ verläuft durch den angegebenen Punkt P bzw. Q.

(1) $m = -4$ $P(1|4)$

(2) $Q(6|-3)$ $b = -5$

a) Zeichne die Graphen der beiden Funktionen.

b) Gib die Funktion an und bestimme deren Nullstelle.

g(x) = ______________ Nullstelle bei x = ______

h(x) = ______________ Nullstelle bei x = ______

Der Schnittpunkt von (1) und (2) liegt bei (____|____).

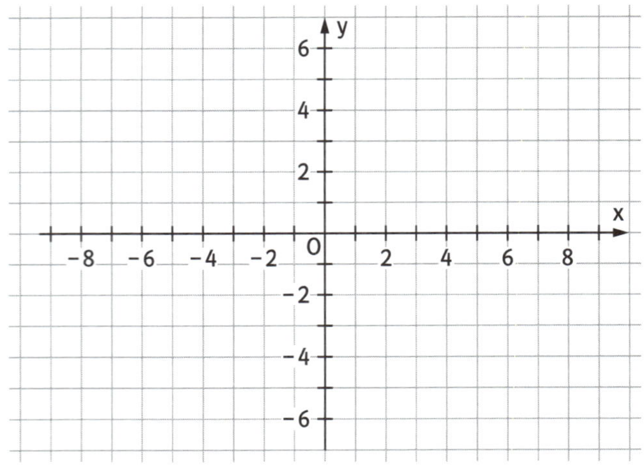


**8** Fülle die Lücken entsprechend der Funktionsart aus.

a) proportionale Funktion

| x | −2 | −1 | 0 | 1 | 2 |
|---|---|---|---|---|---|
| y | | −3 | | | |

b) antiproportionale Funktion

| x | 1 | 2 | 3 | 4 | 5 |
|---|---|---|---|---|---|
| y | | 5 | | | |

c) lineare Funktion

| x | −3 | −2 | −1 | 0 | 1 |
|---|---|---|---|---|---|
| y | 7 | 5 | | | |

d) nichtlineare Funktion

| x | 0 | 1 | 2 | 3 | 4 |
|---|---|---|---|---|---|
| y | 0 | 1 | 4 | | |

**9** Bestimme den Flächeninhalt.

| Münze | Radius | Durchmesser | Flächeninhalt |
|---|---|---|---|
| 1 ct | | 16,25 mm | |
| 1 € | | 23,25 mm | |
| 2 € | | 25,75 mm | |

**10** Welche Netze ergeben Prismen?

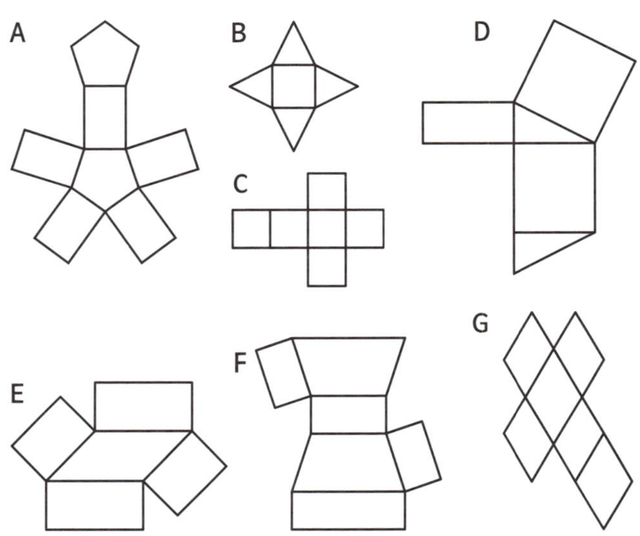


Prismen ergeben die Figuren ____________________.

**11** Berechne das Volumen V und den Oberflächeninhalt O des ausgebohrten Körpers.

a) V = ____________________________

____________________________

____________________________

b) O = ____________________________

____________________________

____________________________

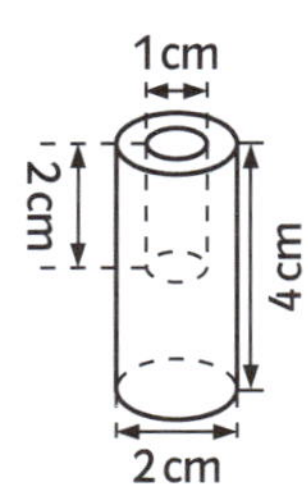


**12** Aus dem Quader wird mit zwei Schnitten ein Prisma mit der orange markierten Grundfläche erzeugt. Zeichne ein Netz des Prismas ins Heft.

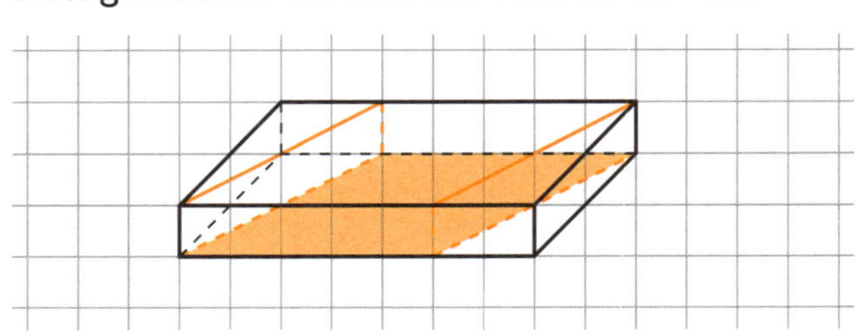

**13** Bestimme die Lösung des Gleichungssystems, indem du die Funktionen zeichnest, und mache die Probe.
Stelle zunächst die Gleichung nach y um. Diese Rechnung kannst du im Heft machen.

a) I: $x + y = 3$
II: $x - y = 5$
I: $y =$ ____________
II: $y =$ ____________
Lösung: (____ | ____)
Probe:
I: ____________
II: ____________

b) I: $x - 0{,}5y = 1{,}5$
II: $-6x + 2y = -4$
I: $y =$ ____________
II: $y =$ ____________
Lösung: (____ | ____)
Probe:
I: ____________
II: ____________

c) I: $4y - 6x = 10$
II: $\frac{4}{3}x + 2y = -4$
I: $y =$ ____________
II: $y =$ ____________
Lösung : (____ | ____)
Probe:
I: ____________
II: ____________

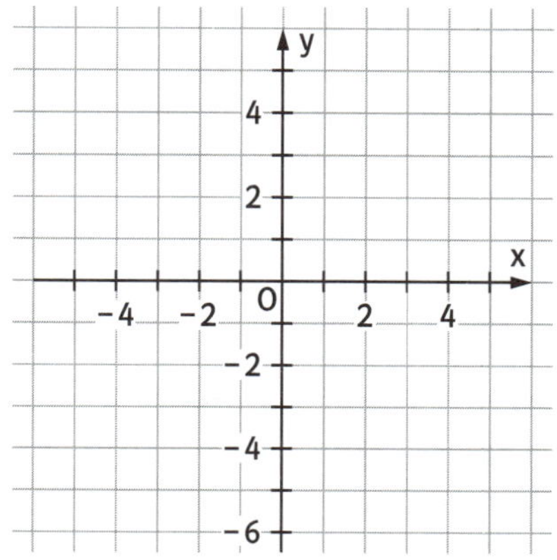


**14** Kreuze an, ob mit dem Einsetzungsverfahren (EV) oder dem Gleichsetzungsverfahren (GV) gearbeitet wurde; rekonstruiere anschließend die fehlende Gleichung des linearen Gleichungssystems.

a) ☐ EV ☐ GV
I: $y - 3x = 7$
II: ____________
$4x - 5 - 3x = 7$

b) ☐ EV ☐ GV
I: $-2x + 5 = y$
II: ____________
$-2x + 5 = -4x + 3$

c) ☐ EV ☐ GV
I: $2y = \frac{1}{2}x + 4{,}5$
II: ____________
$2(3x - 1{,}5) = 0{,}5x + 4{,}5$

d) ☐ EV ☐ GV
I: $6y = 2x + 8{,}5$
II: ____________
$6y = -2y + 3 + 8{,}5$

**15** Ordne zu. Jeweils eine Gleichung ist durch Addition zweier anderer entstanden.
Färbe zusammengehörige Kärtchen in der gleichen Farbe.

- I: $-2x + 12y = 108$; II: $2x + 7y = 44$
- (1 | 7)
- I + II: $65x = 325$
- I: $56x = 8y + 216$; II: $9x + 8y = 109$
- (7 | −2)
- I + II: $-18y = 36$
- I + II: $19y = 152$
- (−6 | 8)
- I: $x + 3y = 22$; II: $2x + 3y = 23$
- (5 | 8)
- I + II: $x = 1$
- I: $6x + 8y - 26 = 0$; II: $9x = 57 - 3y$

**16** Färbe die Glücksräder in den Farben Rot, Gelb, Grün und Blau so ein, dass die angegebene Wahrscheinlichkeit zutrifft.

a) Die Wahrscheinlichkeit, dass der Zeiger auf Rot oder Gelb stehen bleibt, liegt bei 66 %.

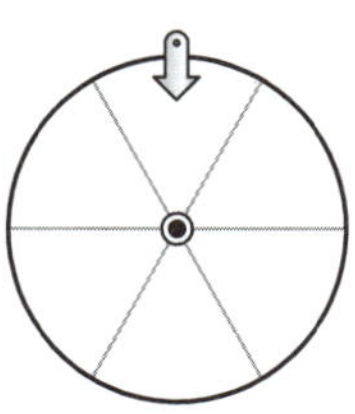

b) Die Wahrscheinlichkeit, dass der Zeiger auf Gelb oder Rot stehen bleibt, liegt bei 75 %.

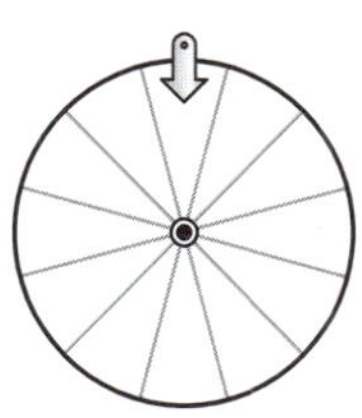

c) Die Wahrscheinlichkeit, dass der Zeiger auf Rot, Gelb oder Grün stehen bleibt, liegt bei 62,5 %.

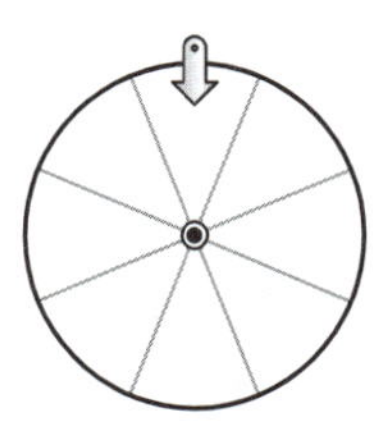

**17** Aus der Urne unten werden zwei Kugeln ohne Zurücklegen gezogen. Philipp hat ein Baumdiagramm dazu gezeichnet. Finde seine Fehler und verbessere sie. Berechne die Wahrscheinlichkeiten.

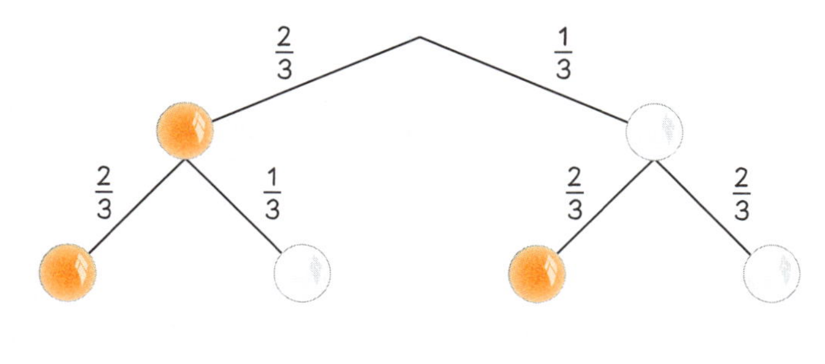

# Register



*Die Seitenangaben in Schwarz verweisen auf die Lerneinheit, die in Orange auf den Merkzettel.*